区域农业生态系统演替研究
——以黄淮海平原为例

张洁瑕　著

中国农业科学技术出版社

图书在版编目（CIP）数据

区域农业生态系统演替研究：以黄淮海平原为例／张洁瑕著.--北京：中国农业科学技术出版社，2021.8

ISBN 978-7-5116-5466-3

Ⅰ.①区… Ⅱ.①张… Ⅲ.①黄淮海平原-农业生态系统-研究 Ⅳ.①S181.6

中国版本图书馆CIP数据核字（2021）第174878号

资助项目：

国家"十五"科技攻关课题"黄淮海平原高产区优质高效农业结构模式与技术研究"（2001BA50801）；

玉林师范学院2018年度高层次人才科研启动基金项目"新时代城乡国土空间指标体系构建及监督实施"（G2019SK07）。

责任编辑	李冠桥
责任校对	李向荣
责任印制	姜义伟　王思文

出 版 者	中国农业科学技术出版社
	北京市中关村南大街12号　邮编：100081
电　　话	（010）82109705（编辑室）　（010）82109702（发行部）
	（010）82109709（读者服务部）
传　　真	（010）82106625
网　　址	http：//www.castp.cn
经 销 者	各地新华书店
印 刷 者	北京建宏印刷有限公司
开　　本	170 mm×240 mm　1/16
印　　张	10.25
字　　数	200千字
版　　次	2021年8月第1版　2021年8月第1次印刷
定　　价	50.00元

◀━━ 版权所有·翻印必究 ▶━━

前　言

长期以来，干扰一直是生态系统演替研究的重要内容，且研究多集中在森林、草地等生态系统方面，而关于农业活动支配下干扰的生态系统即农业生态系统演替研究不多。关于农业生态系统的研究，在生态学领域是一个有生命力的分支，此系统常因各种干扰尤其是人的干扰而使系统反复重演生态系统演替的早期过程。本书主要由四大部分内容组成，在总结前人相关理论研究的基础上，就区域农业生态系统的内涵及其演替进行理论上的探讨，并以黄淮海平原农业生态系统为例，在定性描述的同时，着重采用定量分析的方法即能值分析法，从系统的角度剖析系统演替的实质，借以揭示系统演替机制，在丰富生态系统演替理论的基础上，为区域农业生态系统的可持续发展提出参考性建议。

绪论部分。基于研究背景、研究目的及意义基础上，阐述了国内外关于农业生态系统的相关研究进展、存在问题及研究方向，进而提出本研究的基本思路、研究方法以及各章节的主要内容和逻辑安排，具体如下。

第一部分为理论探讨。着重从系统论、系统演化论、生态系统演替理论、可持续发展系统论进行重点探讨。区域农业生态系统是复杂的人工生态系统，是在长期的自然和人为的双重作用中发展演化而来的，因而遵循一切系统物质运动的最本质运动规律和发展演化特点，同时又具有人为驱动下以需求拉动为主要定力的能值流演替特征。

第二部分首先分析黄淮海平原农业生态系统的自然资源特点、社会经济状况以及区域战略地位，然后动态研究黄淮海农业生态系统演替过程。研究时段从中华人民共和国成立时期开始，大体上以1978年农村经济体制改革为界划分为计划经济下传统农业型（1949—1978年）和由计划经济向市场经济过渡的现代农业型演变（1978—2001年）两个不同的发展时段。

针对黄淮海平原区实际情况，采用ISOTATA模糊聚类分析方法对整个平原区进行农业生态经济分区，选取各个分区综合发展程度为中等的典型区，着重采用能流分析法分析黑龙港曲周种植业系统和农业生态系统演替情况的基础上，再同其他典型区对比分析，研究表明，各个典型区农业生态系统能值投资率和资源能值匹配程度不均，首先各个分区农业投能均以系统以外的工业辅助能投入为主且呈增加趋势，系统环境资源投能的绝对数也在增加，主要表现在对区域水资源的利用上；总产出能先以种植业产出能占绝对优势后逐渐变为农牧结合同时兼顾渔业发展的能值产出形式，林业处于薄弱地位；各项主要能值指标演替分析表明各个分区向现代农业演替方向发展极其明显，系统远未达到高投入高产出状态，仍有较大的发展潜力。农业生态系统的运行态势较好，农业能值投入都相对较高，但能值产出效率以及资源（环境资源与社会资源）相配程度空间不均，以山前平原区、鲁西北区、江苏淮北区相对产出效率较高，资源匹配程度较好。其次为黑龙港区，再次为豫东南区，而皖北区和鲁西南区较差。同时农业生态系统特有指标分析表明，山前平原区、鲁西北区、江苏淮北区劳动生产水平较高，其他各区相对较低；系统优势度分析表明，江苏淮北系统结构总体生产单元相对较均衡，系统稳定性指数较高，其他普遍都以农业种植业占绝对优势，林业和渔业的子系统能值占系统能值总产出的比例较低。

鉴于资料收集的困难以及第一时段我国计划经济的趋同性，本书以河北曲周为例说明了这一时段以种植业系统为主的农业生态系统演替特点。重点分析第二时段平原区农业生态系统演替的情况。采用能值分析法从系统的角度揭示系统能量流动和物质循环的演替情况。

第三部分，基于黄淮海平原区农业生态系统演替基础上，研究产生这种演替的机理、揭示驱动其发展的主要因子以及这些因子之间的相互作用。平原区农业生态系统演替的基本动因是，在自然和人为双重驱动下，具有资源稳定性的自然生态子系统诱导驱动与具有需求波动性的社会经济子系统对自然资源无限需求的增长性驱动，以及自然资源有限性限制相互交织对立统一的过程；平原区农业生态系统的演替实质上是人类需求驱动下，自然资源物质流和能量流呈人为定向性波动性演替，当一种资源衰竭能值流效益相对低下时就会被另一种能值流效益较高的资源所替代，从而使区域整个农业系统能量流动和物质循环呈现波浪性流动过程，不断地推动自然生态子系统与社会经济子系统之间供需矛盾由平衡到失衡再到另一个平衡方向演替。

第四部分，初步预测了黄淮海平原农业生态系统未来人口、耕地、农业系统投入和产出的演变状况，在系统分析与预测的基础上，并对其进行能值化分析，探讨平原区农业生态系统演替方向。综合考虑平原区自然资源、区位条件及其在全国农业发展中的地位等诸因素，以农业生态系统演替机制、可持续发展理论、结构调整原理为指导，探讨了该平原农业发展的具体农业发展对策，力求通过规范人的社会经济活动，使区域农业生态系统在发展周期内的能值正向演替，在发展周期间能平稳过渡的可持续发展。本书最后阐述了平原区农业生态系统可持续利用实现的战略措施。

张洁瑕
2021 年 7 月

目 录

1 绪 论 ··· 1
　1.1 研究意义 ··· 1
　1.2 国内外研究现状分析 ·· 2
　1.3 研究目标、内容和方法 ·· 11
2 区域农业生态系统演替研究的理论基础 ································ 14
　2.1 区域农业生态系统概述 ·· 14
　2.2 区域农业生态系统演替 ·· 21
　2.3 区域农业生态系统可持续性 ··· 31
　2.4 小结 ··· 35
3 黄淮海平原农业生态系统概况 ··· 37
　3.1 黄淮海平原资源环境 ··· 37
　3.2 社会经济态势 ·· 45
　3.3 黄淮海平原在我国的战略地位 ·· 46
　3.4 小结 ··· 47
4 黄淮海平原农业生态系统演替分析 ······································ 48
　4.1 中华人民共和国成立后黄淮海平原农业生态系统演替概况 ······ 48
　4.2 研究方法 ··· 48
　4.3 典型区演替分析 ··· 51
　4.4 黄淮海平原农业生态系统演替 ·· 78
　4.5 小结 ··· 89
5 黄淮海平原农业生态系统演替机制分析 ································ 92
　5.1 农业生态系统演替基础 ·· 92
　5.2 系统演替的自然驱动力 ·· 93
　5.3 人为驱动力 ·· 95
　5.4 驱动力分析 ·· 98

  5.5 区域农业生态系统演替机制 ………………………………………… 105
  5.6 小结 ……………………………………………………………………… 107
6 黄淮海平原农业生态系统发展趋向 ……………………………………… 108
  6.1 黄淮海平原农业生态系统相关指标预测 …………………………… 108
  6.2 黄淮海平原未来农业生态系统能值流分析 ………………………… 124
  6.3 小结 ……………………………………………………………………… 130
7 结论与讨论 ………………………………………………………………… 131
  7.1 结论 ……………………………………………………………………… 131
  7.2 讨论 ……………………………………………………………………… 132
参考文献 …………………………………………………………………………… 134
附录一 能值换算系数及公式 ………………………………………………… 142
附录二 自适应自回归滑动平均模型（ARMA）构建 ……………………… 146
后 记 ………………………………………………………………………… 151

图目录

图 1.1　本研究技术路线总体框架 ················· 13
图 4.1　曲周年平均温度、降水量动态 ················· 53
图 4.2　曲周土地利用面积变化 ················· 54
图 4.3　曲周土地利用结构 ················· 55
图 4.4　曲周种植业结构 ················· 57
图 4.5　曲周主要作物单产变化 ················· 57
图 4.6　曲周农业总产值变化 ················· 58
图 4.7　黄淮海平原农业生态系统能值流模型 ················· 79
图 5.1　黄淮海平原数据的相关系数图 ················· 99
图 5.2　黄淮海平原农林牧渔业产值回归系数图 ················· 101
图 5.3　黄淮海平原农业业产值回归系数图 ················· 102
图 5.4　黄淮海平原林业产值回归系数图 ················· 103
图 5.5　黄淮海平原渔业产值回归系数图 ················· 104
图 6.1　黄淮海平原耕地面积预测 ················· 109
图 6.2　黄淮海平原机耕地面积预测 ················· 109
图 6.3　黄淮海平原总人口趋势 ················· 111
图 6.4　黄淮海平原农业人口趋势 ················· 112
图 6.5　黄淮海人均 GDP 趋势 ················· 112
图 6.6　农机动力趋势 ················· 113
图 6.7　燃油用量趋势 ················· 114
图 6.8　化肥用量趋势 ················· 114
图 6.9　农药用量趋势 ················· 115
图 6.10　农膜用量趋势 ················· 115
图 6.11　农业用电趋势 ················· 116
图 6.12　农作物播种面积趋势 ················· 117

图 6.13 粮食作物播种面积趋势 …………………………………………… 117
图 6.14 小麦播种面积趋势 ………………………………………………… 118
图 6.15 玉米播种面积趋势 ………………………………………………… 118
图 6.16 棉花播种面积趋势 ………………………………………………… 119
图 6.17 油料作物播种面积趋势 …………………………………………… 119
图 6.18 大牲畜头数演变趋势 ……………………………………………… 120
图 6.19 猪头数趋势 ………………………………………………………… 121
图 6.20 羊只数趋势 ………………………………………………………… 121
图 6.21 家禽数量变化趋势 ………………………………………………… 122
图 6.22 禽蛋产量趋势 ……………………………………………………… 122
图 6.23 肉类产量趋势 ……………………………………………………… 123
图 6.24 奶类产量趋势 ……………………………………………………… 123
图 6.25 水产品产量演变趋势 ……………………………………………… 124

表目录

表 3.1　2000 年黄淮海平原农业主要能源及物质消耗 …………………… 45
表 4.1　曲周种植业生产条件演替情况 …………………………………… 56
表 4.2　曲周种植业系统能流分析表 ……………………………………… 59
表 4.3　曲周农业生态系统能值投入 ……………………………………… 63
表 4.4　曲周农业生态系统能值产出 ……………………………………… 65
表 4.5　曲周农业生态系统能值投入产出结构 …………………………… 67
表 4.6　曲周农业生态系统能值指标体系 ………………………………… 68
表 4.7　2000 年黄淮海平原其他分区农业生态系统能值投入 …………… 73
表 4.8　2000 年黄淮海平原其他分区农业生态系统能值产出 …………… 74
表 4.9　2000 年黄淮海平原其他分区农业生态系统能值
　　　　指标体系 ………………………………………………………… 76
表 4.10　1984—2001 年黄淮海平原农业生态系统能值
　　　　投入产出 ………………………………………………………… 84
表 4.11　1984—2001 年黄淮海平原农业生态系统指标体系 …………… 87
表 5.1　黄淮海平原人口农业产业结构典型相关分析 …………………… 100
表 6.1　2001—2020 年黄淮海平原农业生态系统能值投入
　　　　产出 ……………………………………………………………… 126
表 6.2　2001—2020 年黄淮海平原农业生态系统能值指标
　　　　体系 ……………………………………………………………… 127

1 绪 论

1.1 研究意义

农业结构调整是农业和农村经济发展的永恒主题。经过改革开放几十年的努力，我国的农业综合生产能力连续迈上几个新台阶，农业发展主要受资源约束变为受资源和市场双重约束，出现了农产品的销售难、价格下降、农民收入增长缓慢等新问题。新阶段和新的形势要求对我国农业结构进行再次调整，以可持续发展农业。不同类型的农业生态系统所输出的能流、物流的数量和结构不同。因此，如何在国家宏观管理体系下，因地制宜，统筹规划，兼顾经济需求结构和各地域农业生态经济系统特征，使区域农业生态系统既能最大限度地发挥生产优势，又能持续稳定地平衡运作，是目前我国各地区发展农业与结构调整需要考虑的问题。因此，原有的农业生态学理论已经不适应现阶段农业发展的要求，必须根据新阶段新形势的新要求，开拓思路，发展和完善原有的农业生态理论，建立适合区域农业生态系统发展的理论体系，以指导我国各地区农业的可持续发展。

生态系统演替理论是指导退化生态系统重建的重要的基础理论，其研究重点多集中在处于反复干扰和恢复演替过渡状态的次生群落。生态系统演替是指在特定的地段，一个生态系统依次被另外一个生态系统所取代，它包括空间演替系列和时间演替系列两种类型。演替实质上就是系统自身发育和外界环境因素综合作用的结果。由于缺乏长期的历史调查和记载，进行生态系统演替研究的传统方法多是利用空间代替时间，并且此种方法多是关注森林、草地、湿地等退化生态系统的植被的演替规律，且随机因子多涉及的是自然因子。而对于区域农业生态系统来说，人的干扰活动占很大比例。因此，在考虑其他自然因子基础上，把人为因子考虑进去，着重建立适合区域农业生态系统演替的研究方法，拓展生态系统演替在人类活动干扰下农业生态系统（如耕地、人工林和人工草地等）的研究领域，识别和阐明人工生态系统演替规律，以补充和完善农业生态系统理论，这对发挥区域农业生态系统正向演变和维持区域的可持续发展十分重要。

有鉴于此，本书尝试在前人相关理论研究的基础上，综合有关农业生态系统内涵及各种系统演变理论，概括出有助于解释区域农业生态系统演替理论体系，并从能值分析的角度，对黄淮海平原农业生态系统进行量化研究，分析研究区域内几十年来农业生态系统形成及演替机制，以期为研究区域农业生态系统发展、演替提供决策支持和理论帮助。

1.2 国内外研究现状分析

长期以来，生态系统都要经历由简单到复杂的演替过程而趋向一个稳定的成熟期（Clements，1916）。如果在这期间有自然和人为干扰，这个成熟期将推迟或者逆转，而在农业活动支配下干扰的生态系统即是农业的生态系统或者农业生态系统（Harper，1974）。关于农业生态系统的研究，在生态学领域是一个有生命力的分支，此系统因经常被干扰而使系统演替重新开始，但应用恢复生态学经常涉及的是试图控制和指示生态系统演替（Luken，1990），因此，为了深入认识农业生态系统，生态系统早期演替阶段的生态研究是具有重要意义的（Hartmut et al.，1997）。

国内外诸多学者对区域农业生态系统的生态结构及功能等进行了广泛、系统的研究（梁文举等，2002；Om，1989），但对其形成、边界及内涵的研究报道甚少，在相关文章中，研究对象中多以行政、地貌相似性等划分边界，文字表述及其理论阐述也多采用"农业生态系统"词语来描述（王丽梅，2004；Zou，1990）。其相关研究概述如下。

世界农业生态系统提供了地球上大多数人类生存所依赖的作物、家畜、饲料和纤维。早期的农业生态系统研究始于20世纪20年代，且着眼于具体农田，偏重于作物与气候、作物与土壤等关系研究，而对农业生态系统的特征、结构、功能等方面的研究是在20世纪60年代末70年代初，从而开拓了农业生态系统研究新领域。之后随着生态系统生态学的研究，农业生态学研究的发展因之跨入了以研究农业生态系统为中心的阶段（韩纯儒，1993；庞爱权，1995）。我国在这方面的研究始于1980年前后，起步虽不算太早，但起点较高，一开始就注重生态系统水平上的研究（邹冬生，1995；王佑民等，1992）。在某些领域（如能量分析、生态农业、农业生态工程等）不仅深度上达到了国际同类研究水平，而且有些因具有我国特色而在国际上产生了较大影响（邹冬生，1995）。目前，农业生态系统研究在处理经济发展与资源开发利用、环境保护的关系中得到迅速发展。

1.2.1 概念的提起

尽管生态系统这一概念很早就提出来了（Tansley，1935），但直到目前仍难对生态系统加以准确的界定，特别是其边界通常模糊不清。最初许多农业及有关领域的科学工作者都将农田作为一种特定的生态系统，即农业生态系统加以研究（Low et al.，1984；Ellen，1982），注重研究农田中各种生态过程和关系，并描述分析了这些生态过程和关系形成、动态和功能。20世纪70年代以来，随着农业生态学研究逐步深入，以农业生态系统为中心，并对其结构、性质、依存条件等的认识得到了长足扩展和深化。目前农业生态系统已由农田这一特定范围拓展到由人类管理、经营的一个社会—经济—自然复合系统，在受自然规律支配的同时，还受社会经济规律的调节（邹冬生，1995）。随着认识的扩展，农业生态系统概念已由简单表述"农业生态系统即是农业生物群落加农业环境"过渡到"农业生态系统是指某一特定空间内的农业生物与其所处的环境之间，通过相互作用联结成进行能量转换和物质生产的有机整体"。现在，尽管具体概念还没有统一，但比较共同的看法是：农业生态系统是人们在一定的时间和空间范围内，利用农业生物与非生物环境之间，以及生物种群之间的相互作用建立起来的，并在人为和自然共同支配下进行农副产品生产的综合体（邹冬生，1995）。

1.2.2 性质的探讨

认识农业生态系统的性质，有助于对农业生态系统进行分析。1984年Odum针对现代常规农业生态系统，认为来自农业生态系统外部的有目的人为管理，包括人工辅助能的加入以及人工选择下动植物形成，使系统产物中特定的食物产量达到最大，但生物多样性减少，自然生态系统内部亚系统的反馈来实现对系统的调控也大为降低。由于考虑到世界上所有各种类型的农业生态系统，有些科学家试图从生态系统的一般性质出发，引申出农业生态系统的性质。如马世骏于1984年提出了农业生态系统基本性质主要体现在：生产力、稳定性、持续性和均衡性。除了均衡性只具有社会性外，其他性质都具有自然和社会双重属性。东南亚大学农业生态系统网络（SVAN）把农业生态系统基本性质扩展到 5 个方面（Marten，1988），即生产力、稳定性、持续性、均衡性和自律性，并利用其评价农业生态系统的性能。这 5 种性质测量都具有多样性，可根据不同目的选用不同方法来说明农业生态系统不同的特性。同时，农业生态系统各种性质之间具有正相关和负相关关系，认真探讨与这些性质相关联的机制，将有助于我们进一步认识这些性质的复杂关系。

1.2.3 原理的把握

早期农业生态系统研究多侧重于结构与功能的静态描述与分析，同时结构部分研究亦承袭了自然系统研究框架与方法，不能真正反映人类经营下的农业生态系统特征（李季，1995）。随着人们针对"石油农业"带来的各种弊端进行新的探索，各种替代农业模式如生态农业、有机农业、生物农业、低投入农业、持续农业等相继出现，原有的农业生态理论以及农业生态研究方法已经无法适应发展需要（Altieri，1987）。对此，20 世纪 80 年代中期起，国内外许多有识之士提出要研究农业持续发展原理和定量动态性农业生态系统持续发展机理（胡淑君，1984）。

1987 年，Richard 主张从社会系统与生态系统的相互作用出发，建立农业发展模式与原理。1992 年程维信等认为，经济是决定社区范畴农业生态系统功能与发展的主导因素，从四大层次（农田、农户、流域、国家角度）论证了决定农业系统功能与持续稳定发展的主导约束集。Mignel 提出要从整体上分析研究农业生态系统物质循环、能量转化、生物学过程和社会经济关系，并阐明其发展原理（Altier，1987）。1987 年马世骏提出将"我国不同地区典型生态系统特征及其形成与演化规律"列为我国生态学应及时研究的第一个课题（马世骏，1987）。1988 年叶谦吉发表"论经济、生态、社会三效益协同增长的生态农业成长阶段"，提出生态农业建设的阶段性。还有 1987 年 Peter Pirie 等都从社会经济与农业生态系统相互关系及农业生态系统结构和功能的深层次规律方面探讨和研究了农业生态系统发展原理。在本方向的研究过程中，特别需要重视对自然生态系统与农业生态系统结构和功能的深层次分析和对比研究，以及对传统农业生态系统与社会经济和文化等协同演化过程的分析和理解（Gliessm，1997）。彭廷柏等分别在桃源丘岗区和我国中亚热带东部区较为系统地研究了区内农业生态系统类型、类型分布规律及类型的形成条件与发展机制，初步揭示了区域内农业生态类型的形成原因及农业生态系统发展原理（彭廷柏，1994）。

1.2.4 研究方法

对于农业的研究，一般有两种方法（Hartmut et al.，1997），技巧方法是一种定量的、聚焦的、精确的、缓慢的、昂贵的方法，其假设一种理想的状态，以便于从事物的复杂状态中分离出来而更好地控制研究，这种方法关注的是机制和预测性。相比之下，实践方法是一种定性的、含有丰富的信息量、相对是便宜的、快速的、高度混杂在现实复杂的事物中。

直到20世纪80年代，农业生态系统的研究多关注农田尺度下产量效益和生产最优化以及小的分水岭下物质动力学（Schroder et al.，2002），从贯彻土地利用系统来说，这种方法缺少中间结果。因而就有了1989年关于农业生态系统的FAM研究网络的产生，就是关于方法的讨论，目的是为了减少因缺乏对生态演变过程及其在此过程中经济和技术驱动下的交互作用的深入认识而从事的农业生产对环境引起的破坏（Schroder et al.，2002）。同时整体资源管理（HRM）作为实践方法也被倡导（Savory，1988），其基本的生态学前提是在一个地上和地下有丰富的生物多样性生态系统里，进行着有效的营养循环、水文循环、演替动力及其能量流，"有缓冲力的管理生态系统"对干扰有抵抗力。

作为一个功能单位，农业生态系统包括无生命的和有生命的成分，像生态系统一样有能量流动和物质循环，怎样较好地评价系统的可持续性对于揭示系统演替并协调生态系统的保护和发展具有重要的意义，在生物圈层和社会尺度下进行的能值分析方法是一种技巧方法，是一种摆脱人们偏见的评价系统，也能用一种共同的测量标准表示环境和价值的一种方法（Odum，1988；Brown et al.，1999）。这种方法在基于所有形式的能量和物质的热力学基础上，把它们转化成太阳能等价物（Brown et al.，2003），因而优于基于最大利润成本效益分析法，成本效益分析法往往只关心直接的经济成本和效益，而很少考虑将在发展之前就存在并对经济发展起间接支撑作用的资源纳入到经济系统的评价中。(Odum，1996)。

伴随着和经济系统相联系的城市面积的迅速扩大，人类活动和自然环境之间相互作用的复杂性愈加明显。怎样提高系统可持续性是20世纪80年代以来一个重要议题，许多系统已经研究了环境、经济、生态等。

1.2.5 定量化研究进展

随着全球环境与资源问题的尖锐化，农业生态系统定量化研究受到广泛重视。加拿大学者 Smli 于 1983 年从能流角度对中国农业生态系统作了较全面的分析，对剖析我国农业生态系统的特点开创了先例。1985 年我国学者闻大中对农业生态系统能流分析方法做了系统总结。近 20 多年来，关于能流分析研究有大量报道，从不同规模和深度对农业生态系统进行了定量、半定量的分析，从而克服了经济分析的片面性和主观性。

然而传统的能量分析虽然对农业生态系统的功能研究做出了贡献，但同时亦遇到难题：各种工业辅助能的能量折算值难以确定；无法区别对待不同类别、不同能质量（等级）的能量的问题；能量流评价与物质流、信息流评价的统一性问题；以系统论为基础采用人为确定权重的方法的层次分析法，客观性和可比性不强。能值是 1996 年以 Odum 为首在系统生态、能量生态、生态经济理论基础上研究创立的一个新的科学概念和度量标准。能值分析是传统能量分析的新发展。某种流动或贮存能量所包含的另一种流动或贮存能量的数量，即该种能量的能值。因各种资源、产品或劳务在形成过程中均直接或间接地起源于太阳能，故在实际应用中多以太阳能为基准，用太阳能焦耳为单位来度量不同类型能量的能值（蓝盛芳，2001）。能值分析通过能值转换率即形成每单位某种能量或物质、信息所需的另一种能量（实际应用中常用太阳能）之量，对各种生态流价值进行统一的单位转换评价，从而突破了能量分析在数量研究上长期难以攻破的能质壁垒，通过能值（通常是太阳能值）这一统一的客观标准，实现了不同能量等级上不同质能量的统一度量。对于经济子系统各生态流及自然子系统与经济子系统界面不宜用能值转换率进行转换度量的生态流，能值分析方法采用能值/货币的比率（当年该国全年能值应用总量与当年该国国民生产总值的比）推算出其能值后进行统一分析。同时，能值/货币亦可看作是衡量货币实际购买力和劳动力实际能力的标准。反之，已知能值量亦可通过能值/货币反算其所相当的能值货币价值，从而解决了在分析评价和应用中自然环境与经济社会的对接难题。

关于能值定量化分析农业生态系统演替方面的应用仅仅局限于有限的研究。这篇文章的目的就是要通过一种模型来分析黄淮海平原农业生态系统的能值流动特征，以便详细地了解系统，同时提出协调农业生态系统的结构和功能的一些建议，以保持黄淮海平原农业的可持续发展，并且还将有助于整个区域农业生态系统演替理论的研究。

1.2.6 系统特征及演替研究

（1）系统特征

农业生态系统主要是由各种类型的农作物、牧草和森林等高等植物，农业动物和微生物组成。与自然生态系统相比，具有以下基本特征。

农业生态系统动态活跃并具有巨大的表面能。需人工调节以利用自然条件优势并外加更多的能量驱使其达到或保持其相对稳定。

农业生态系统在分布水平上不联系，在时间序列上离散。由于农业生物对环境条件的要求更加严格，使它仅仅是生物圈中一个狭窄且更加脆弱的组成部分，因而表现出在水平方向上的空间分布呈明显不连续状态。同时农业生态系统随时间的表现以及代与代之间的延续都表现出是离散的特点。

农业生态系统偶联着自然界的四大循环。农业生态系统在自然界的水、气、固、生物四大圈层间的循环中处于中枢地位，在利用各循环所提供的物质、能量及基本环境条件同时，还要它们变化的干扰调节。

生态系统凝结着人类的劳动而具经济特征。农业生态系统是人类生存和活动的场所，获取基本能量和物质的源泉。人类日趋扩大的生产活动深刻影响着农业生态系统。人类为了自身生存需要不仅改造生物的遗传特性和生理生化特性，而且还创造自然环境条件，使其更加适宜于农业生物的生长发育，并最终发挥更大的经济效益。

（2）形成及演替研究

形成及演替过程：农业生态系统形成是在自然情况下，由于人类农业活动的影响而逐步形成的，并在人工调节下逐步演替着。农业生态系统并非自古就如此，在农业生态系统中生物和自然环境变化原因是人类地活动引起的，随着人类逐渐成为农业生态系统的核心，人类生产活动方式的变革便成为农业生态系统演替阶段划分的重要依据。从农业生产方式的发展阶段来看，大体经过了以狩猎、采集为标志的史前农业、刀耕火种为特点的原始农业、自给自足的传统和集约化的现代农业四个阶段。

史前农业：当时人们以狩猎、采集为基本生产生活方式，尚无现代意义上的农业。当时人只是天然食物链中的一个环节，人类只是依赖和服从自然，无法去自觉调节自然生态系统中的能量流和物质流，也无法大规模调整人与自然的关系。

原始农业：农业以刀耕火种的生产方式为主，人类主动利用自然，在一定程度上协调自身和自然之间的关系。从而产生了真正意义上的农业。

传统农业：其区别原始农业的在于出现了灌溉、间作、套种、轮作等耕作制度形式；农田施肥；农牧结合；农业生态系统的边界基本确定。并体现了高效率的自然调节机制。

现代农业：连续性方面，农业生态系统的边界更加明显，原始动物区系被替换，栽培作物取代了演替的先锋植物，且每一季播种作物都是演替的初级阶段，从而打破了系统整体在时间上的连续性，演替机制更多地被工业技术和辅助能源所代替了；适应性方面，偏离自然演替过程的农业生态系统处于演替的初期状态，人工驯化的动植物使系统中各组分的协同适应性很不完善，系统的缓冲能力差、易于破坏；多样性方面，人工选择使系统内组分的多样性降低，易于遭受外界干扰的危害；物质、能流的补偿方面，现代农业是高度发达的商品生产，必须靠大量外部能量和物质的输入进行人工补偿，而这又造成有利于演替的环境，人们还要付出代价来阻止演替发生。

关于农业生态系统演替理论研究至今未见报道，而相关的演替研究是生态系统演替理论。生态系统演替理论是退化生态系统恢复最重要的理论基础。生态系统演替是指一种生态系统类型被另一种生态系统类型替代的一种定向（正向或者逆向）有序的过程，是生物群落与环境相互作用导致生境变化的结果。生态系统退化的主要原因有自然干扰和人为干扰。伴随物质和能量的流动与交换，生态系统的格局和过程一直处于运动状态，当一个生物群落代替另外一个生物群落，其生存环境也随之改变时，就开始演替。演替是一个不间断的过程，从时间尺度上，它服从于生物进化，即演替是生态系统进化在中小时间尺度上的体现。全球生态系统现存的空间分布格局代表了长时间尺度和大空间尺度进化的结果，体现了生态系统对环境的长期适应。

由于缺乏长期的历史调查和记载，进行生态系统演替研究的传统方法多是利用空间代替时间。虽然误差很大，但是没有其他可行的方法替代时，一直被沿用至今。由于空间数据的缺乏，加之研究手段的不足，对于生态系统演替的空间分析研究甚少。自20世纪90年代以来，遥感和地理信息系统出现，开辟了空间分析研究生态系统演替的新局面，可帮助人们很好地认识生态系统演替的方向、扩散速率、演替的历史、演替的时间不同步与空间镶嵌性的形成。

尺度问题是自然科学的中心问题之一，在生态学研究中尤其如此，其在生态系统演替的空间分析中非常重要。在生态系统动态变化中，不同的时间尺度上，通常把生态系统的变化分为3种类型：物理环境的长时间变化宏时间尺度，生物进化大时间尺度，演替中小时间尺度。通常，对中小时间尺度生态系统演替的研究是生态系统变化研究的侧重点（Kimmins，1996；Shugart，1998）。但是如何正确地确定生态系统演替的空间和时间尺度，一直是没有深入讨论和研究的领域。传统的生态系统演替的理论和方法在进行大尺度空间分析时面临着很大的挑战。当展开尺度研究区域或景观的生态演替规律时，会在大部分地域发现：实际的区域或景观往往是由被保护的地带性顶极植被、处于反复干扰和恢复演替的过渡状态的次生群落、人工长期管理下的经营生态系统、继续发展中的永久性人类占据，如道路和城市所组成等。这种镶嵌是全球现在生态系统空间分布的主要格局。前两种属于自然或半自然的生态系统，后两者属于人工生态系统。现在报道的生态系统演替的重点多集中于前两种，而人类活动干扰下，特别是人口的增长，人类经济活动的加剧，已大面积退化的生态系统能否恢复到退化前的状态？或是长期保持在人类的经营顶极状态？这是传统的生态系统演替理论面临的挑战。现在许多国家和地区大面积的土地为人工控制或维护下的生态系统，其有可能保持很长时间的稳定性。从自然生态系统的角度看，这种偏离了原有的自然演替系列和规律的生态系统，应视为退化。这是生态系统演替规律在人类活动压力下的异化或偏途，进一步认识和阐明这种异化，对识别在这些区域生态系统特别是区域农业生态系统演变趋势和维持区域的可持续发展十分重要（江洪，2003）。

1.2.7 研究领域的拓展及趋向

早期农业生态系统研究将农田视为一个生态系统，可视为区域农业生态系统的雏形，其注重研究农田中各种生态过程和关系（Low，1984）。目前，人们对农业生态系统的研究领域远远超过了这个范围，农业生态系统研究领域在不断扩大、研究层次越来越深、研究方向已由系统描述转向系统发展原理的揭示。尤其关注到农业生态系统双重调控性，从而使它成为未来生态学研究的重点领域。近年来，农业生态系统研究涉及更多的领域（骆世明，2001）。如农业生态系统模式、作物生态学研究、农业生态环境管理研究、土壤和植物系统养分、水分和有机质平衡研究以及农业与可持续发展、生物多样性及全球变化关系研究。但是，对农业生态基本理论与方法研究有待深入，其解决问题的实际能力也有待进一步加强（闻大中，1990）。目前对于农业生态系统研究，尚处于起步阶段，要建立完善的农业生态系统理论体系，尚需经历一个较长时期的探索。

当前世界农业面对的两大挑战是增加生产和改善生态，持续发展已成为当今全球关注的热点，世界农业的发展趋向是建立和完善可持续农业（钱俊生，1999；王宏广，1995）。农业生态系统研究将进一步主要集中在以下5个方面：其一是探讨农业生态系统生产力、承载力及其资源、技术投入的关系；其二是探讨全球变化对农业生态系统的影响及其可能的生态对策，特别是在气候、能源、市场影响下农业生态系统生产功能的变化及调整策略；其三是探讨区域农业生态系统结构与功能特征，包括系统生产生态结构、能量流、物质流、能量和物质产投比关系、水循环、生物多样性、系统生产效率、稳定性、演替趋势等；其四是探讨不同区域、不同经济条件下，农业生态系统形成发展原理、调控措施和持续途径；其五是探讨农业现代化与集约化对农业生态系统生产力及持久性的影响（王宏广，1995）。

显然，在前人研究的基础上，继承农业生态系统、生态系统演替等相关研究，很有必要界定区域农业生态系统边界、确定内涵及其构建演替理论体系框架，加强人工、科学技术等系统驱动力及驱动机制研究，并用能值分析方法加以定量化实证，以适应目前可持续农业发展的需要。

1.2.8 研究区的选定

可持续发展，已成为目前国际社会普遍关注的重大问题；区域农业生态系统的可持续利用成为人类生存与发展的基础。随着人口的剧增和粮食供应的紧张，区域农业生态系统面临着巨大的可持续压力，关注区域资源及其环境可持续性尤显重要。

黄淮海平原是中国重要的农业产区之一，研究其可持续发展问题，旨在寻找对策，促进该地区的可持续发展，以期对其他地区的发展有借鉴意义。中华人民共和国成立后到20世纪80年代前，由于计划经济的实行，一定程度上相同的管理模式形成了相对稳定的农业结构，而在改革后，随着市场经济的介入，区域农业生态系统逐步形成了自身发展机制，并且这样的机制会成为今后中国发展的主旋律，因此，本书将区域的研究时段重点放在1978年以后。

1.3 研究目标、内容和方法

1.3.1 研究目标

本研究基于系统论、系统演化论、生态系统演替理论、可持续发展系统论等理论，在总结前人研究的基础上，拓展农业生态系统内涵，界定区域农业生态系统范围，建立适合新形势下区域农业生态系统演替理论体系。最后结合实际情况，在定性分析的基础上，从能值的角度，分析黄淮海平原几十年来农业生态系统的能量变化情况，探索系统演替机制，以丰富区域农业生态系统演替理论，并为区域可持续发展提出决策性建议。

1.3.2 研究内容

（1）理论基础

在前人研究的基础上，探讨区域农业生态系统范围内涵、组分构成、演替机理，揭示系统演替理论。包括：

区域农业生态系统范围及内涵研究；

系统组成、结构及功能系列格局演替研究；

演替的驱动力及驱动机制研究；

区域农业生态系统演替理论研究。

（2）区域研究

在实践中，选择黄淮海平原为研究对象，以 1978 年为界将中华人民共和国成立后区域发展划分为两个研究时段 1949—1978 年、1978—2001 年，并重点研究 1978 年农业生态系统演替，具体内容如下。

采用聚类分析方法，将黄淮海平原进行农业生态经济分区，然后选取各个分区综合发展程度处于中等水平的典型点进行对比分析。

在上述研究基础上，对整个平原区农业生态系统演替进行研究。

驱动力及驱动机制研究。在定性分析的基础上，采用数理统计方法，典型相关分析方法对驱动黄淮海平原生态系统的内外因子，包括自然因子和人为因子进行相关分析，以探索系统驱动机制，揭示系统发展规律。

黄淮海平原农业生态系统未来演替预测。基于实际数据对区域农业生态系统基本要素进行预测，然后进行能值化分析，揭示系统可持续发展能力，在丰富区域农业生态系统演替理论基础上，为保持系统的可持续发展，提出相关建议。

1.3.3 研究方法

（1）理论研究

对相关文献资料如系统论、系统演化论、生态系统演替理论、可持续发展系统论等方面的理论加以综合分析，初步确定本理论体系。

（2）实地调查法

针对农业系统发展问题，深入广大农村进行实地调查。特别是当前农村经济体制改革以来，农村的情况不断发生新的变化，创造新的经验，出现新的问题，只有通过世纪调查研究，才能了解和认识乡村发展中的实质性问题。

（3）典型对比法

针对区域各个部分农业结构类型复杂的特点，实际调查地点的选择必须具有代表性的类型，进行对比研究，以了解区域空间演替情况。

（4）系统分析法

区域农业生态系统是一个自然、经济、社会相结合的大系统，使系统各个组成部分以及与外部之间有密切的联系。必须从系统的观点出发，采取定性和定量相结合的方法，进行系统相关分析，揭示其内在联系。

（5）动态研究法

区域农业生态系统是随着社会生产力的发展而不断发展变化的，不同历史时期具有不同特点。因此，研究系统演替必须从动态的观点出发，分析系统的形成及其演变，以探讨系统演替的基本局势和未来前景。

（6）区域模式法

区域农业生态系统是由各个不同的小的地域单元组成的一个大的区域空间，其各个地域单元具有不同的条件和特点，也就有不同的系统结构模式。系统发展要根据系统发展指标（土地利用结构、劳动力结构、产业结构、投入与产出结构等）建立不同的系统发展模式，并论证构成模式的条件、结构、水平和效益，为建立区域农业系统的可持续发展提供依据。

（7）定性和定量结合法

综合以上方法，在定性分析的基础上，采用能值分析法，数理统计法、自适应的自回归滑动平均模型等进行定量化分析，结合理论研究对黄淮海平原农业生态系统演替进行探讨，修正并完善区域农业生态系统演替理论。

1.3.4 技术路线（图1.1）

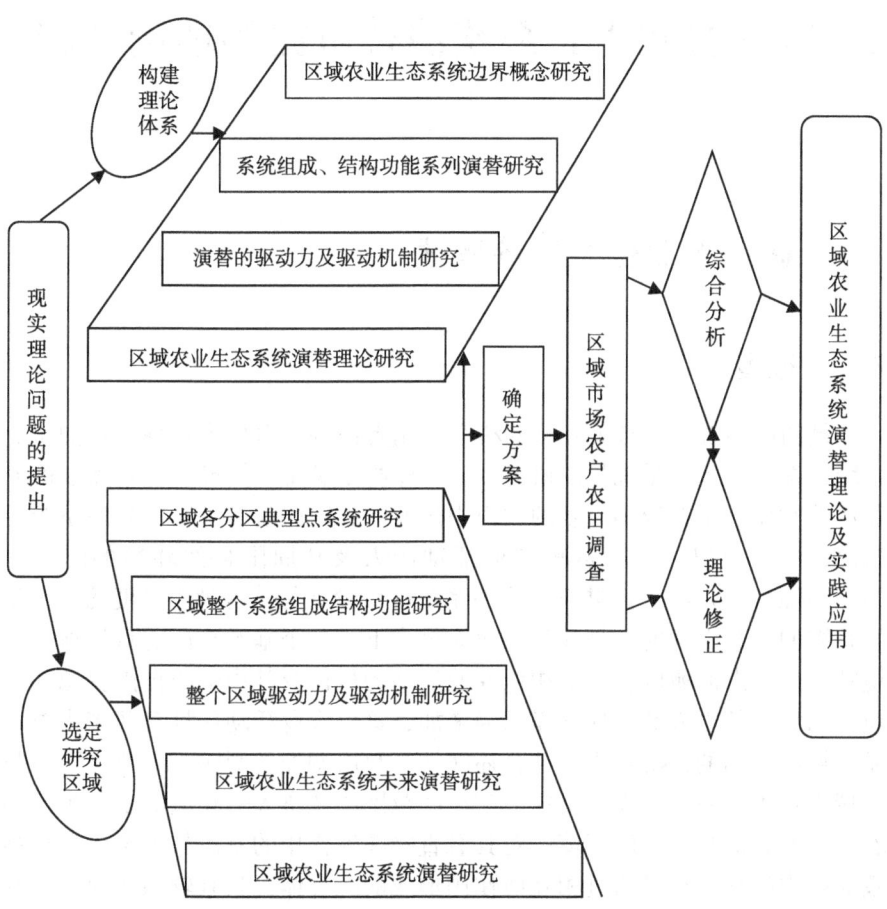

图1.1 本研究技术路线总体框架

2 区域农业生态系统演替研究的理论基础

2.1 区域农业生态系统概述

2.1.1 缘起

最初许多农业及有关领域的科学工作者都将农田作为一种特定的生态系统，即农业生态系统加以研究。农田作物是满足人类最初基本需求的农业活动对象，是在较小尺度的农田中进行的，因此就有了农田生态系统的概念，即在农田背景下从事农业活动的人及其周围自然环境的综合体（Low et al., 1984）。区域农业生态系统的概念就是从这种小尺度的农田生态系统的概念出发的，是基于在较大尺度下，一个基本相似的自然地理环境特征的生态区域内，从事相似农业活动的群体及其周围的自然资源和环境，同时，随着人类多样化需求的增加，这种农业活动还具有区域内农产品市场的驱动的经济行为，并且还间接受政府调控的影响。因此，可以将区域农业生态系统定义为由在一定空间范围内从事大体相似的农业生产的农户、所处的自然资源环境、对其有直接辐射作用的农产品市场以及包括政府在内的社会环境通过相互间作用形成的综合体，具有较强的地缘特征和人类群体活动效应。

2.1.2 人工生态系统

区域农业生态系统：基于自然地貌资源环境考虑，区域农业生态系统是生态系统，同时基于考虑人与环境之间物质和能量的循环，以及人的种群特征，从人类对自然的影响角度来看，农业生态系统是一种人工生态系统，这种系统是人类对自然环境适应、加工、改造而建造起来的人工生态系统，是经人类改造甚至创造的生态系统，它具有人工生态系统的一切特点。一是社会性，即受人类社会的强烈干预和影响。二是易变性，或称不稳定性，易受各种环境因素的影响，并随人类活动而发生变化，自我调节能力差。三是开放性，系统本身不能自给自足，依赖于外系统，并受外部的调控。四是目的性，系统运行的目的不是为维持自身的平衡，而是为满足人类的需要。所以人工生态系统是由自然环境（包括生物和非生物因素）、社会环境（包括政治、经济、法律等）和人类（包括生活和生产活动）三部分组成的网络结构。人类在系统中既是消费者又是主宰者，人类的生产、生活活动必须遵循生态规律和经济规律，才能维持系统的稳定和发展。人工生态系统或人类生态系统与自然生态系统区别的一个重要特征是，人类给生态系统投入了大量的附加能量。特别是工业革命以来，支撑人类生态系统的很大一部分能量依靠化石能源。无论什么生态系统，能量是决定生态系统功能的共同因素和最终动力。人工生态系统的能量来源除阳光外，还有地热能、潮汐能、化石燃料能等。

人工生态系统的能量特征。基于人类的需要，人类把一个自然生态系统改造成人工生态系统时，系统由复杂趋向简单，由物种的多样化趋向少样化，由成熟向不成熟，从而使人获得高生产量，例如农田生态系统，人们希望它有高的生产量，即要求总生产量/生物量（P/B）高。可见，人类在经营农田时是逆自然生态系统的发育趋势的，为了实现这种逆自然趋势，人类必须投入能量，使农田生态系统处于生态系统发育的早期，以获得高生产量。因此，对能量的利用水平及可利用能量的多少直接决定了人类对生态系统的控制能力。

2.1.3 空间尺度

农业生态经济系统的空间尺度，可以根据需要，进行适当抽象，从村、乡、县、区、省到一个流域都可以（于法稳，2001）。系统的空间尺度即边界范围，对于区域农业生态系统来说，其空间尺度可以按由区域自然资源环境及其地貌特征划分决定的可以进行相似的农业活动的区域范围界定，如黄土高原农业生态系统，黄淮海平原农业生态系统等；也可按我国行政区划的性质来定，可分为国家级农业生态系统、省级农业生态系统、地市级农业生态系统、县级农业生态系统、乡村级农业生态系统，虽然这种划分一般也是基于区域自然地貌特征为前提的，但也不免存在为了管理方便而割裂具有相似地貌特征的现象存在，特别是随着市场经济的发育和全球经济一体化的步伐的加快，这种行政划分的行为特征将随着计划经济的淡化发生变化。本研究重点研究对象是基于自然地缘为特征划分的区域农业生态系统，即黄淮海平原农业生态系统，并且因为中华人民共和国成立后计划经济下的各个农户的经营行为一致，且自家庭联产承包责任制实行以来，因各个农户的自主经营行为使系统自组织的演替规律明显，因此本研究将中华人民共和国成立后区域农业生态系统演替时段以1978年改革启动为界，划分1949—1978年和1978—2001年两个时段，并以第二时段为研究重点。

2.1.4　区域农业生态系统的组成

将从事农业活动的农户和农产品市场及其政府联系起来，则区域农业生态系统组成包括：由各个农户经营组成的农业生态群落、社会环境和自然环境。农业生态群落包括农业经营活动的四大产业，即农林牧渔业；社会环境包括农产品市场、政府、地域文化氛围等影响农业经营行为的社会要素；而自然环境包括区域内的土地、气候、自然、生物资源和环境等。因此，区域农业生态系统就是指在一定的地域范围内所有自然资源、环境、人及社会环境组成的综合体。

2.1.5　区域农业生态系统的结构

结构是系统中诸要素相互联系、作用的方式，是系统的基础。结构决定了系统功能，系统的发展过程就是系统结构的完善过程。结构保证了系统的稳定性，使得系统能够在一定时空范围内保持有序性和发展性。

区域农业生态系统的结构主要指构成系统诸要素在时间、空间上的分布状况，包括系统中物质流、能量流、价值流、信息流的流动途径。但就农户经营活动的对象不同，一般将区域农业生态系统的结构划分为农林牧渔四大产业结构。

相对于自然生态系统的食物链结构而言，农业生态系统的结构也是按照产业链的关系形成的，是在自然生态系统的物质流和能流随着食物链单向流动的基础上，因人类多样性需求的影响而同时就有了和系统中的物质流能量流流向相反的两种流即流价值流和信息流，这两种互为反向的流，将随着市场经济的发育和全球一体化的经济的拉动而更加明显。

可以说正确认识和把握因农业活动而赋予区域农业生态系统中的这两种流——价值流和信息流，是深入理解农业生态系统内涵的关键。这就要求详细分析系统结构各个组成要素的特征。在区域农业生态系统四大产业结构中，农户是最基本的组成要素，也是系统内各种流集中交汇的焦点，因此，认识系统内各个农户农业经营活动行为特征是分析区域农业生态系统演替的中心所在。

区域农业生态系统中，无论处在何种产业链的农户，其在农业生态系统中都是为寻求自身利益而存在的，相对于处在自然生态系统食物链中的生物，其生态位的定位总是以经营能获得最大价值流中的空缺环节为物质基础的。如果农户与农产品市场，即价值链的上端（物质流的下游）建立起比较牢固的关系，则有利于自己的生长发育，一旦其供应者消失，对其存在产生影响，但一般不会导致其衰亡，这与自然生态中生物对其被捕食者（食物链下端）的关系有相似之处。这种对应关系对研究农业生态系统有重要的意义，有助于建立科学的研究方法体系，使农业生态系统真正从纯研究自然农田系统的基础上更加成熟和完善。

基于自然农田生态系统上的区域农业生态系统能流和物质流结构在拥有自然生态系统能流物流的属性的基础上，并因人的经营活动将这种流流向范围扩大化，从而可引申表述如下。

能流物流生产者：各个农户从事农业活动的对象，包括农林牧渔业，其通过自养或者异作用将太阳能或者其他生物的化学能转化成农业生态系统发育所需的化学能，供自身利用并向经营其的农户提供其所需的能流和物流。

能流物流分解者：各个产业中从事农业经营活动的农户，其通过特定的农业经营活动，获得的能流物流生产者，除了一部分供自己所需满足再生产以外，将其大部分以初始产品的形式或者加工后的产品，直接或者间接通过中间商流向农产品市场。

能流物流消费者：包括农户、中间商人、加工商人、农产品市场，其中农户属于初级消费者，中间商人和加工商人属于次级消费者，农产品市场属于最终消费者。

而该系统的价值流和信息流则与以上方向相反，具体表述为：农产品市场为初级价值流、信息流生产者，中间商人或者加工商人则为价值流、信息流分解者，农户为价值流和信息流消费者。

2.1.6 区域农业生态系统基本特征

现实生活中的复杂系统无处不在，宇宙天体、地球、生物圈、人体、人-自然系统以及社会系统等等，都具有明显的复杂性。区域农业生态系统就是复杂系统，具有复杂系统的主要特征，复杂系统的特征（颜泽贤，1993）。

多层次性。复杂系统内部至少具有若干层次，组成系统的要素本身也是复杂系统，形成"系统—子系统—子子系统……"的层次结构。多层次性既体现在系统的组织形式上，也反映在时间和空间尺度上。

多样性。子系统和子子系统是多种多样的，不但处于不同层次的子系统具有完全不同的结构、功能、行为，同一层次上不同要素其属性空间也不完全一致。

非线性。各要素之间，不同层次的子系统之间发生相互作用。相互作用的形式不同，并且随时间变化，子系统或要素间表现出新的联系。作用过程中存在正或负的反馈，系统体现出非线性。非线性是复杂系统表现出其他一些重要性质和行为的根源，如自组织、突变、分岔等。非线性还决定复杂系统具有不可分解性和不可还原性。

开放性。系统与环境发生相互作用，并能向适应环境的方向变化。

稳健性。少量要素的变化不改变系统作为整体的稳定性，系统的性质和行为不发生改变。稳健性主要依赖于子系统之间的并行性。

动态演化并向有序化发展。随着时间发展，系统的结构、功能、行为不断演化，通过自适应，自组织作用不断向更高级的形态有序演进。动态演化过程包括渐变和突变，具有阶段性。

区域农业生态系统是一种有涨落的、含有大量的非线性作用的子系统的开放系统，满足系统自组织条件，因而能在一定的外界条件下，通过各子系统之间的相互联系和相互作用，在自身涨落力的作用下，系统从无序变成有序，在宏观上形成新的时空结构，并产成能使系统达到新的有序结构和功能。因此，该系统具有以下性质。

2.1.7 区域农业生态系统性质

（1）远离平衡态的耗散结构系统

区域农业生态系统具有系统的共性，满足普里高津耗散结构所必需的3个条件：系统的开放性，系统远离平衡态，系统各要素之间存在着非线性相关机制。

耗散结构理论认为，从涨落达到有序，是系统稳定的自组织过程。在这一个过程中，系统存在两种状态，即平衡和非平衡态。在满足开放的、远离平衡状态的、系统各元素存在非线性的相互作用的基本条件下，系统将具有从非平衡态向有序方向转化的源泉，叙述如下。

对于系统来说，平衡和非平衡使系统处于稳定状态的两种形式，所谓稳态时系统的产生、发育、成长的进展状态（而不是形态）不随时间而改变，其功能与结构相适应并处于进化组合上。它可以是平衡的稳态，也可以是非平衡的稳态。在开放的条件下，通过自组织，即通过与环境交换物质和能量，使系统各要素在其进化周期内占有特定的空间位和时间位并达到系统稳定状态这一进化动力，实现系统的非平衡稳态。对于生命系统、生态系统来说，要想维持系统的可持续发展，需要追求的是非平衡状态，使能量输入大于输出，保持系统处于非平衡的稳态中，这也是经济社会持久发展的物质动力，是生态经济系统有序化的源泉。这种处于非平衡稳态中的农业生态系统，在非线性关系的系统要素之间，随着时间演替、在输入与输出的数量关系上就会产生涨落，即有规律的变化的系统变动率，在其有规律的变化中，推动系统向平衡稳态方向发展，从而实现有序。

从耗散结构理论来看，区域农业生态系统是一个远离平衡态的、必须与外界进行物质能量交换的耗散系统。农业生态系统总是作为整个社会经济网络的一个网结而存在的，它需要源源不断地输入，才能维持系统的可持续发展，以保持有足够的产品不断推向社会。这种机制发挥得愈有效，它的可持续生命力才能得以发挥。反之，如果该农业系统是自我封闭的自给自足的小农经济形式，它本身便处于一种静态的平衡状态。即使其内部产生了某种涨落或扰动，也会很快在近平衡态被这个静态稳恒机制的惰性力所消融、衰减，仍然保持本来的局面。即使这种微小的涨落能造成这个稳定机制得到及时调整，那也是为了不至于使系统在一旦遇到一种强大涨落面前崩溃和解体的手段而已。可以说，在我国两千多年的农业发展史上，这种自给自足小农经济结构产生的自我封闭、稳态平衡结构，是影响农业发展和整个社会进步的桎梏。改革开放的今天，区域农业发展的蓬勃局面证明了要使系统获得内部活力和发展动力，就要在事实上承认它是一个社会的"有机体"，对内部则保护和激发最大的变革性扰动与涨落，才有可能将整个系统推向一个新的更高级的稳定状态，从而推动区域农业的发展，促进整个社会的进步。

"熵"是自然过程的能量转化的不可逆性。当一个系统的能量转化、耗散之后，这个系统的熵就会增加，它从被耗散的方面表征着失去转化能力的程度。用耗散机构理论分析区域农业生态系统可知，其是一个与环境进行物质、能量、信息。价值交换的开放系统，系统的熵变决定着系统的存在与发展。在开放系统中，如果总熵小于零，系统就可以维持自身的有序结构并趋向更高的组织有序。根据耗散结构理论，农业生态系统既是一个开放系统，又是一个远离热力学平衡态的自组织系统，它的开放性表现在系统通过自然、经济和社会环境与系统外的物质、能量和信息交换以及经济体与区域外经济之间物质和价值交换,在不断交流过程中从外界获得它所需要的负熵流,其通过其生产者——绿色植物固定太阳能的生命活动,同时也从周围环境吸收各种物质,因而能不断地从外在环境输入负熵流,农业系统的食物链就是负熵流的流通途径。由于负熵流不断输入,不断抵消系统内部的增熵过程,才为农业系统赢得了生存和发展的空间,才保持了系统的有序与稳定。如果农业生态系统从外在环境输入的负熵流足以抵消系统内部的增熵过程,使总熵下降,在一定的阈值范围内,生态系统中的各种成分就能自行协调、自我组织、自我调解,从而使系统实现由低级向高级、由简单到复杂的进化。因此,能流物质流和价值流信息流的输入是农业生态系统赖以生存的基础,也是驱动区域农业生态系统发生变化的诱发因子。因此可以说,区域农业生态系统的开放性决定了系统的动态性,给系统提供了不断变化的动力,使得区域生态系统本身的结构和功能得到不断发展。

(2) 系统各要素间复杂的非线性作用机制

区域农业生态系统处于远离平衡的状态,不再局限于要素间单一的线性组合,这是因为在系统内各要素之间存在着复杂的联系和作用,都具有非线性的特点,如系统各部分之间通过能流物流价值流信息流所发生的反馈机制,并不是以固定的线性关系存在,取决于外部市场的波动变化,在很大程度上不受系统内部要素所影响。而这些非线性关系的存在,使得区域农业生态系统有可能发生突变,由原来的状态转到一个新的状态。

区域农业生态系统各要素之间存在着复杂的非线性相互作用机制。非线性方程的解表明,初始条件的微小变化可能造成后来结果的巨大差别。1961年 Lorenz 发现的"蝴蝶效应"证明了这种可能性的存在,使得人们引入混沌理论来研究系统的变化机制。区域农业生态系统也可能发生种种矛盾,确定性和不确定性,平衡与非平衡,稳定性和不稳定性,均质性和异质性等。用系统科学的新手段和方法来研究区域发展,可以帮助人们深入认识区域发展的规律,并对系统的未来发展做出科学的预见。

(3) 系统各子系统间具有协同效应

协同理论认为系统各部分之间的相互作用,不是简单的迭加,而是各子系统相互协调起来的在宏观上呈现出合作效应。并且通过一种普遍意义的系统演化方程,可以使系统特有的非平衡态序化现象得以量化,从而揭示系统性质,形成机制与动态趋势。在生态学里的协同进化论,应该说是系统理论的引申,根据该理论,协同进化是一个物种的形状作为对另一个物种形状的反映而进化,而后一个物种的这一形状本身又是作为对前一物种形状的反映而进化。在自然生态系统中,种群关系上的协同进化现象非常普遍。

2.1.8 区域农业生态系统内涵边界组分构成

综上所述,区域农业生态系统是在一定的具有大体相似的自然环境和地貌特征地域空间内,系统各组成要素包括人类在内的所有生命和非生命之间通过能量流动进行相互作用而建立的一个有机整体,其中人是活动的主体,从而使系统按人类社会需求进行物质生产的有机整体,它不仅受自然规律的制约,还受人为过程的影响,这种被人类驯化了的自然生态系统,也是一种人工生态系统。

农业生态系统内涵边界、组分构成的建立,有助于解决现代科技高度专业化所带来的生态经济失调问题,从而对生态农业建设具有重要贡献;农业生态系统的研究为生态农业的发展提供依据和指导作用;生态循环和经济循环是农业生态系统发展过程的两大特征,实现两者良性循环和协调发展是可持续农业发展的重要条件;现代农业要获得高额的生产力,都不可避免地要付出一定数量的以石油能源为主的辅助能源的代价,这种代价正随着水土资源的退化和生态系统功能脆弱失调而日益增大,农业生态领域在这方面的研究及理论,对克服因现代化、集约化生产而带来的资源衰竭等都具有重要意义(李新平,2000)。

2.2 区域农业生态系统演替

2.2.1 自然界系统演化

(1) 演化动力

相互作用是系统演化的本质特征。自然辩证法认为,我们所面对的整个自然界由各种物质相互联系的以系统的方式存在着、运动着、变化着的一个体系,这种相互联系就是相互作用,并且正是这样相互作用构成了整体体系的运动着,相互作用是运动、变化的终极原因。

现代自组织理论表明,复杂系统演化的动力是由于相互作用,是通过自组织机制在系统内部以及系统与外部环境之间进行的。系统与环境之间的相互作用即交互作用是物质系统演化的必要条件,这种交互作用的积极意义表现为自然界一切系统是以自己的存在的方式，选择并影响外在环境。耗散结构理论表明，对于处在远离平衡态的系统，且系统内存在相互作用即"协同"作用，则当外界环境条件适宜时，物质系统通过自组织机制而演化至高一级形态。复杂系统要素之间的协同作用是系统演化的基础，这种"协同"作用是通过要素之间的非线性来实现的，一旦随机微观涨落出现，物质系统的要素通过这种"协同"作用使其放大成为物质系统宏观"巨涨落"，从而演化为这种系统高一级形态。总之，相互作用是自然界物质演化的基本动力。

（2）演化特点

复杂系统的演化是由微观要素的学习调整诱发的。在复杂系统中，越底层的要素越活跃。当某一层上有大量要素不满足于所处的环境从而进行调整时，系统稳定性受到破坏。复杂系统演化时的特点如下。

系统结构变化。首先，出现新的要素或子系统，而原有的一些要素可能消失。同类要素的数量乃至要素分类发生改变。其次，突现新的层次，许多情况下新层次的出现并不是渐进的，而是突发的。再次，内部关系演化，要素与要素，层次与层次之间的关系变化、关系的性质、强度等都可能改变。最后，各层次上的要素都体现出新的行为和属性。这样，系统内部的复杂程度、有序程度、组织程度和稳定程度都会改变。

系统功能变化。系统的属性和功能决定于内部结构，同时总体现在与其他系统的相互作用中。系统功能的变化实质上是系统与环境关系的变化。首先，关系的数量变化，系统具备更多或更少的功能。其次，关系的强度变化，某些功能更突出，某些功能可能退化。再次，关系的性质和种类改变，如由相互促进关系转换化为抵制与破坏关系。最后，系统的开放程度改变。任何开放系统都与外界交换物质流、能量流和信息流，系统演化时，流的数量和种类改变；一般来说，系统越向高级演化，与环境的交流越多。

复杂系统的演化具有方向性，如进化、发展或蜕化、解体，但开放使系统演化具有多个可能的方向和路径。当系统朝某个方向演化时，如果环境发生大的变化或系统内部因复杂性增加而无法协调，则原有方向的演化中断，系统朝新的方向演化。

（3）演化的意义

物质系统演化的重要意义在于演化过程是一个不断进化的否定之否定阶段发展过程。自然界的物质系统，都处在无止境的演化过程之中。尽管在错综复杂的演化方向中，有进化也有退化；有渐变也有突变；既存在着从无序到有序的过程，也存在着从有序到无序的过程；既存在着从简单到复杂的过程，也存在着从复杂到简单的过程。但就其总的趋势来看，它具有不断发展的性质，"这一发展的特点是定向性、不可逆性、是由简单到复杂、由单一性，到多样性、由混乱到有序性、由简单结构到复杂结构的运动"。在此过程中，通过物质系统的不断生成、发展、演化，或由于内部要素（子系统）自身的变化，或由于要素与要素之间相互联系方式的变化，或由于系统与环境之间相互关系的变化，会使物质系统在演化过程大致都经历过建构、稳定、解构、重构这样一个不断进化的否定之否定的持续发展过程。自然界的整体演化正是在物质系统这种不断分化和重新组合中进行的，实现自我更新和进化的。

同时物质系统演化的具有守恒性，反映了演化过程中的不同阶段之间，物质系统内在的质与量方面的联系。物质系统演化过程中的守恒性包括两个方面的含义，其一指的是质的守恒性，其二指的是量的守恒性，恩格斯在揭示能量守恒与转化定律的哲学意义时深入阐述过这个问题。质的守恒性指的是物质系统运动形式的转化以及这种自身转化能力的永恒存在的特性，也就是说，物质系统的运动形式可以转化，但任何一种运动形式都不会消失；量的守恒性指的是在物质系统转化过程中，表示物质系统转化能力的量，在整个过程中既不会增多，也不会减少，一种运动形式的量的增加必然与另一种运动形式的量的减少相一致。

2.2.2 生态系统演替

生态系统是物质系统，具有物质系统演化的特点，同时因其是有生物在内的系统，所以就有了生态学的特定意义，其演化即是演替。这一系统因有了生命的参与特别是人的作用而具有比非生命系统更复杂的演化特点。因而赋予了这一系统特定的命名——生态系统，而其演化也就是变成了生态学上特定的名词——演替，从而使系统的演化有了生命的特色而体现了生命的进化特点。所谓的生态系统演替过程，指的是生态系统随着时间的变化，即一个类型的生态系统被另一个类型的生态系统能替代的过程。其演替是一个从简单单一的低生产力系统到复杂多样的高生产力系统的过程。关于生态系统的演替理论主要如下。

Clements 提出的单元顶极假说（monoclimax theory）；英国的 Tansley 提出的多元顶极理论（polyclimax theory）；由美国 Whittaker 提出的顶极-格局假说（climax pattern hypothesis）；Egler 提出的初始植物区系学说；Conell 和

Slatyer 提出的忍耐作用说（tolerance theory）；Grime 提出来的适应对策演替理论（adapting strategy theory）；Tilmam 提出的资源比率理论（resource ratio hypothesis）；Pickett 等提出的等级演替理论（hierarchical succession theory）（生态系统网），这些理论都是从物种的性质出发，在没有大的自然驱动力如火山爆发等自然灾害影响下，系统基于自然生态系统在自然驱动力下研究系统演替过程的，不断地经历着从以一种物种为主再到以另外一个物种为主的幼年到成熟期的发育历程。

2.2.3 区域农业生态系统的演替

区域农业生态系统是一个复杂的物质系统、生态系统，因此具有物质系统共性，又有生态系特性，同时又因其是人改造的系统，所以就比一般生态系统的演替更加复杂。具体体现在因人的价值取向而使系统在一般生态系统物流能流的基础上又增添了两种流——价值流和信息流。因此，区域农业生态系统的演替过程在符合一般物质系统演化、生态系统演替规律的基础上，还应加强因人的影响而带来系统的演替特点。不仅研究在人影响下区域农业生态系统能流物流的特点，还应研究系统中价值流、信息流的特点，以便更好地全面认识区域农业生态系统的演替规律。在这方面值得借鉴的是经济生态学中系统研究关于价值流、信息流规律的研究。该研究对照生态学中一系列生态学理论，如物种的选择、定值、繁衍学说以及生态位理论、食物链的营养金字塔、种群、群落等来说明经济生态系统，来说明经济生态系统中价值流演替规律。

在区域农业生态系统中，不仅拥有生态系统能流物流特征，还因有了人的利益驱动而又有了另外两种流——价值流和信息流。作为系统的一个重要组成要素农户，如果能借用生态学理论把从事相同农事活动的农户理解为一个农户种群、农户群落的话，则整个区域农业生态系统就具有了由一个个不同农户产业群落组成的演替特征，这样可促使用系统论和进化论的观点来深入认识区域农业生态系统的演替过程的非线性和自组织特性。

在区域农业生态系统中，从宏观上按照其产业活动的基础能流物流来源的不同划分为农业、林业、牧业和渔业。在具体各产业的农业经营活动中还可根据基础能流物流的不同进一步细分，如牧业产业中可划分为养鸡产业、养羊产业等。一般来说不同的农户产业群落在形成初期都用有较窄的基础生态位和较宽的实际生态位，所以有竞争优势，从而得以进一步发展，一步步由农户个体发展成农户种群、进而形成该农户群落。但就大的农业结构中的农林牧渔来说，相对而言，林业具有较宽的基础生态位，农业次之，而牧业和渔业则具有相对较强的竞争力而拥有较宽的实际生态位。

生物世界里，虽然有竞争的威胁，但那些弱势物种并没有因此而淘汰，这其中因为"生态位"的调节作用，一个群落中各个不同的物种因其形态结构和生活方式不同而拥有自己的生态位，这种生态位的分离减少了或者排除了不同物种之间的竞争，有利于物种的繁衍发展。在区域农业生态系统中，对于最初的农户个体来说，其不仅关注自己能获得的能流物流的数量，更关注价值流、信息流的多少。他们会根据各种信息渠道，确定农产品市场的价值流空缺位，先选择好自己的发展生态位，确立与众不同的竞争优势，并且在各种突变的压力下能采取适当的措施，获得有利于自己发展的空间生态位，这样就会吸引更多的农户，逐步具有一定产业优势的农户种群、农户群落。一般来说，农户的发展是立足一定自然资源、社会资源为基础的一个多维资源空间，即生态因子空间，依据不同的发展措施来提出资源需求是不一致的，即生态位不一致。对于从事某一类产业活动农户来说，为了赢得更多的价值流，就会在生态位经营时空、档次等方面下功夫，如错季蔬菜的种植就是利用了生态位的时间差进行的。

总之，农业生态系统与生物体一样，具有从幼年到成熟期的发育历程，这一历程就是生态系统的发展，各种不同的区域农业生态系统就是在长期的自然和人类的双重作用中发展演化而来的。但无论物质系统演化，还是由生命主导的农业生态系统演替，都遵守这那些物质运动的最本质运动规律，而且它们的发展过程非常相似，不管从序列延续性看，还是从序列发展性看，这两个序列都是同构的。因而生物和人的出现和进化，是物质世界发展的必然结果。同时，非生命的物质系统、生物和人是相互依存、共同发展的（谢逢春等，2001），其演替因人为驱动力的参与比生态系统演替复杂。因而研究农业生态系统演替的驱动力尤其是人为驱动和驱动机制就显得更加重要。

2.2.4 区域农业生态系统演替动力

（1）市场经济

市场经济是一种制度。市场经济不止是一种资源配置方式意义上的经济体制，它包含既独立且相关的3个层面。市场经济首先是一种经济形态——商品经济形态。商品经济与市场经济是同一经济形态的两个方面，具有等同关系。市场经济存在的必要条件是商品经济，而不必是商品经济的充分发展阶段，市场经济只能建立在商品经济的基础之上，而不能建立自然经济、产品经济的沙滩上；商品经济的充分发展是社会主义市场经济不可逾越的发展阶段，商品化与市场化都是改革与发展的基本取向。市场经济当然是一种经济体制——以市场对资源配置为基础的经济体制。这是属于体制性范畴，不属于社会基本经济制度性范畴。我国实行市场经济，不仅不会动摇社会主义制度，而且还会以市场配置资源的高效率去巩固与发展社会主义。市场经济还是一种"游戏规则"——市场制度。如果借用新制度经济学的理论和方法，把制度定义为它是约束市场主体行为的一系列规则（包含正式规则、非正式规则及其实施机制），那么市场经济不仅是由市场主体、市场客体、市场载体以及供求价格竞争诸要素构成，而且也是由制度安排、制度结构、制度环境诸制度变量集成的制度体系，即市场制度。新制度经济学认为，竞争性市场的规范模型隐含了一个严格的要求，当存在明显的交易费用的时候，随之而来的市场制度就被制定出来（卢现详，1996）。市场经济不仅是新古典经济学及其综合派所认为的从无规则到有规则从无序到有序的"自然有序"即体制，而且也是新制度经济学所认为的"人为有序"或"游戏规则"即制度。对市场经济给出市场制度的涵义，意义在于：制定市场规则，用市场规则保护市场公平，以降低市场交易费用，提高市场配置资源效率（林国先，2001）。

我国市场化制度障碍与制度创新。市场是交易的场所，农民是其中的一个构成要素，无论是历史的小农经济、中华人民共和国成立后的计划经济，还是今天逐步市场化的经济，农民的商品意识、市场意识并不存在"历史空白"，只要有利益刺激，农民就会理性的进入市场。随着社会生产力的发展和经济条件的改变，原有的制度不再适应人们从事生产、分配和交换产品的需要。主要表现为以下方面。

制度障碍。制约农民入市的制度障碍，既有宏观制度障碍，又有微观制度障碍；既有市场制度障碍，又有非市场制度障碍。①竞争机会的不公平，在计划经济下，农民在社会再分配格局中处于极为不公平的地位，而且更为严重的是几乎剥夺了农民参与公平竞争的一切机会，农民迄今未成为市场主体。社会主义市场经济体制的实质是竞争机会的公平性。限制农民参与市场竞争的公平机会，实质就是限制农民进入市场。②政府行为欠理性，政府所设计、所安排的法律、政策、制度等缺乏理性，经济体制、行政体制等方面制度创新行对滞后或制度供给相不足，造成农民入市障碍。③组织化程度低，组织资源开发或者组织创新滞后，致使农民与政府难以沟通，找不到进入市场的引路人。④经营规模不经济,就是没有着力的农用土地制度、乡镇企业制度创新,造成土地难以集中、土地使用权难以转让以及乡镇企业缺乏竞争力。⑤市场发育不完善,市场制度不完善。改革以前政府行为失误,是农业成为糟糕政策的最大牺牲品(林毅夫,2000),当今政府行为不当仍然制约着农民入市。表现为:调控错置,间接调控和直接调控使用不当;政府职能异化,如把政策性只能异化为经营性商业性职能;授权扭曲,使本应该属于农民的权利却授予基层行政部门;行为不规范,一些行政部门和行政人员用权经商(张宇燕,1992)。

制度创新。①制度创新的目标、方式与主体的选择。制度创新目标应与社会主义市场经济体制这个既定的制度选择的目标一致,旨在推进市场化,排除农民入市的制度性障碍。制度创新方式也与改革的渐进方式保持一致,有利于农村的发展、改革与稳定。②制度创新的系统性。在制约农民入市的制度性障碍重重的状况下,仅靠单项的制度创新,仅靠"农"一方的制度创新,仅靠微观制度创新已经不够了,必须着力系统化的制度创新、城乡协同的制度创新,微观制度与宏观制度的全面创新,城乡协同的制度创新,微观制度与宏观制度的全面创新。一句话,必须在核心制度即社会主义基本制度不变的前提下,着力包括经济体制、政治体制在内的一系列制度创新。③制度创新的重点,即产权制度创新。主要做好农用土地产权制度创新、乡镇企业产权制度创新以及构建农民产权主体,使农民以名副其实的市场主体进入市场。④另外,为保证制度创新的顺利进行,要做好组织创新,着力于市场中介组织、农民自组织与党政组织的全面创新(黄磊,2001)。

(2) 农业技术创新理论

农业技术创新。它是指农业科技成果(如新产品、新设计、新工艺)在农业生产实践中首次应用成功。从广义的角度来讲,是指农业科研成果研制、开发并在农业中应用的全过程。就有生物性、风险性、外溢性、综合性。农业技术创新的动因源于生产诱导,而生产诱导有起因于生产要素价格的变动。农业技术采用扩散理论,即需经过认识—兴趣—试用—评价—采用等四个阶段。农业技术推广呈"S"字形传播曲线(解宗方,1999)。

农户的科技行为。它是指农户为了直接或间接地获得经济利益,有意识地选择和吸纳农业科学技术,把农业科技融于自身利用自然和改造自然活动的过程,农户科技行为是在一系列相互联系的各种因素相互作用的基础上发生的。农户作为独立的商品经营者,具有生产经营和生产消费的双重职能,对农业生产经营者和科技投资具有独立的选择权和决策权。农户是否采用新技术取决于学习采用技术的成本与采用新技术的预期效益（报酬）比较。目前制约农业科技行为的因素主要有：存在农户农业经营的比较利益低下、农业科技外部性强（多为私人技术）、农户的经营规模小、采用农业科技的风险性、农业科技信息了解不全面、农户素质不高等条件的约束（解宗方，1999）。

农业技术创新战略。为了进一步推进我国各地的农业结构战略性调整，全面提高农业的国际竞争力，必须围绕农业结构战略性调整的目标任务，明确我国农业技术创新的发展战略，调整农业技术创新的目标任务，构建以政府投入为主体的、多元的新型农业技术创新体系，改革与农业技术创新相关的管理体制，完善相关法律、法规、促进新型农业技术创新的持续高效益的运行（白硕，2003）。

战略性结构调整对技术创新的要求。提高我国农业的综合生产能力，确保农产品的有效供给，必须依靠技术创新；优化品种品质结构，提高农业效益；提高农产品附加值，扩展农业产业链；提高农业资源的利用效率；提高农产品国际竞争力农业技术创新的战略构想。培育农业技术创新资源；培植新的农业技术创新主体；激活农业技术创新机制；优化农业技术创新环境（朱希刚，2004）。

对新型农业技术创新体系的要求。功能上的要求：农业科技资源的集约组织与合理配置；提高农业科学研究水平和自主创新能力；农业技术创新与产业发展的良性互动；农业科技成果及时推广与高效转化；培育和造就指示型农民。对结构要求：具有国际先进水平的农业科学技术研究体系；具有引发先进生产力的农业科技成果转化应用及中介服务体系；造就人力资本的现代农民教育与培训体系；具有强大的资金投入的新型农业技术保障体系（朱希刚，2004）。

可以说，对新型农业技术创新重点。强化基础性研究投入，确保原始创新的供给；培育创新主体，增强农业技术的创新能力；发展科技中介组织，提升专业化服务水平；稳定公益型技术推广，放活经营性农业科技成果的扩散；拓展科技教育培训网路，全面提高农民素质。

农业科技创新的对策措施。把加快农业科技创新作为农业和农村经济结构战略性调整的根本性举措来抓；理顺农业科技管理机制，加强对全国农业科技体制改革的指导；大幅度增加农业科技创新的投入，建立其持续、稳定增长的投入机制；围绕优势农产品布局规划，加强农产品核心技术开发；充分利用科技创新成果，加强农业科技推广和成果转化；实施"新型农民科技培训工程"，提高农业的科技文化素质；高度重视发展农业高新技术产业

化，为农业和农村经济创造新的增长点（朱希刚，2004）；加快农业科技信息化，提高科技成果的转化能力。（赵平，2003）

(3) 其他人为动力

包括政策制度、社会、经济水平等均为重要的人为驱动力。其中政策制度是国家通过宏观调控行为对区域经济发展起平衡调节作用；社会方面表现为人口、文化等方面，其影响能量的流动方向，并因此决定区域自然的开发种类及开发强度。经济水平决定人工系统投能的水平，并因此决定区域资源的开发强度和经济发展水平。

(4) 自然动力

这和生态系统一样，是农业生态系统演替的最基本的动力，决定农业生态系统能量流动性质和可供人类利用的方向。

2.2.5 农业结构调整战略

农业结构指的是农业产业结构，也可称为区域农业生态系统结构，是一种人工化的生态系统，这种结构是在自然生态系统基础上因人为驱动力的参与而演绎出来的一种人工化生态系统结构，此系统在自然和人为双重影响下，不断地进行人为驱动下的农业结构调整过程，这种结构调整发展离不开区域自然资源、社会经济状况等各个自然驱动力和人为驱动力的制约。我国农业基本国情可概括为"一、二、三、四、五、六"。"一"即"一高"：农业生产作为经济再生产过程对于自然条件的高强度依赖。"二"即"二个差异"：区域地理条件和自然资源差异；社会性差异是指市场条件、制度、经营机制、社会化服务体系等方面的差异。"三"即"三小"：小生产、小市场、小经营。"四"即"四不足"：投入不足，基础设施不足，科技渗透不足，政策保护不足。"五"即"五过重"：土地承载过重，环境承载过重，农民负担过重，资源承载过重，政府负担过重。"六"即"六低"：劳动生产率低，土地产出率低，农产品商品率低、农业综合生产力低、抗灾减灾能力低、农业国际竞争能力低（杜林青，2003），因此农业结构调整的重要意义就在于通过人为动力的影响使农业生态系统实现良性发展。

(1) 结构战略性调整内涵

农业发展具有阶段性，关于这方面有3种比较有代表性的论述，美国农业经济学家梅勒、韦茨以及日本的经济学家速水佑次朗。我国农业部（现称"农业农村部"）软科学委员会课题组《中国农业发展的新阶段》研究中提出：从农业发展的供求关系、生产目标和增长方式综合分析，我国农业大致可划分为三个阶段：①农产品供给全面短缺，以解决温饱为主，主要依靠传统投入的数量发展阶段；②农产品供求基本平衡，以提高品质、优化结构和增加农民收入为主，注重传统投入与资本、技术集约相结合的结构战略性调整阶段；③农产品供给多元化，知识、信息成为农业发展的重要资源，以提高效率、市场竞争力和生活质量为主，高资本集约、技术集约核心系集约的现代农业发展阶段（杜林青，2002）。

（2）结构战略性调整的机制

需求拉动是结构调整的首要原因，资源禀赋是决定结构调整的基础因素，科技进步是推动产业结构变化的重要因素，经济管理制度的调整也会对产业结构调整产生很大的影响。市场经济下，结构战略性调整是产业组织在市场引导、政府宏观调控、法律约束、产业化经营等多种机制共同作用下，通过多种经营模式发展的结果。具体来讲，产业组织包括龙头企业、批发市场、中介组织、行业协会、农村经济大户等，它和农民一起构成结构调整的主体；市场机制是结构调整的主导机制，有利于促进农业资源的有效配置与合理利用，促进农业生产要素合理流动与转移，促进农业结构向多元化调整；政府宏观调控为结构调整提供了基础性作用，法律机制为结构调整的顺利进行提供了强有力的保障作用（杜林青，2003）。农业生态系统结构即农业产业结构，这种农业产业结构的战略性调整机制即农业生态系统结构演替机制。

（3）结构战略性调整总体目标和任务

总体目标：农业和农村结构调整是一个复杂的系统工程，也是一个长期的过程。调整的总体目标是：在保证粮食有效安全供给的基础上，优化农产品品种和品质结构，大力提高农产品的质量和安全卫生水平；优化区域布局结构，充分发挥比较优势，形成合理的农业生产力布局和区域分工；加快农产品加工业和产销一体化的发展，发展农村第三产业，促进产业结构升级；加快农村小城镇建设步伐，转移农村劳动力；拓宽农民增收渠道，形成良好的增收机制，促进农民收入的较快增长，最终使我国农业能够适应全面建设小康社会的需要，走上可持续发展轨道，加快我国农业现代化的进程。主要任务：提高农产品质量，优化产业构成和区域结构，形成有竞争力和较高增收效应的农业和农村产业结构体系；减少农民，提高劳动生产率（杜林青，2003）。

（4）结构战略性调整的目的意义

这种结构战略性调整的总体目标和任务即是农业生态系统演替方向，区域农业生态系统演替机制就是在系统整体层面上呈现出以这种自然资源为诱导,人为作用为定力的双重作用下,不断推动系统在维持系统可持续发展的基础上,向利于人类需求的方向移动,农业生态系统的演替实质上是人类需求驱动下,自然资源物质流和能量流呈人为定向性波动性演替,是自然资源供给与人类需求不断发生演化的过程,不断地推动自然生态子系统与社会经济子系统之间供需矛盾由平衡到失衡再到另一个平衡方向演替。

2.3 区域农业生态系统可持续性

2.3.1 可持续农业概念

20世纪80年代,随着农业工业化和现代化引发的资源与能源的过度消耗,以及大量污染物的排放、生物多样性减少等全球性的重大环境问题的出现,谋求人口、资源、环境和经济协调发展的新农业发展模式,受到了国际社会的普遍关注。尤其是近20年来,伴随着可持续发展思想的深入发展,可持续农业逐渐成为世界各个国家和地区普遍关注的一种农业发展的新趋势和新模式。有关可持续农业定义的不同表述,迄今为止,"可持续农业"尚无统一的涵义和公认的定义。有关它的定义层出不穷,各个领域的专家学者从各自不同的研究角度、不同的层次定义了可持续农业。发达国家和发展中国家也由于具体国情、理论构思的重点不同,从而对可持续农业定义的理解也不同。发达国家农业发展的主要非持续因素表现为环境污染、农业投入过多以及生产成本过高等方面,因此其紧迫任务在于寻找一条能够控制生产过剩、减轻财政负担、节约资源、避免环境污染的农业发展道路,强调保持资源的供需平衡和维护环境的良性循环;而发展中国家的主要问题是人口膨胀、资源过度利用和退化、食物安全问题等,所以它们的紧迫任务在于增加生产和不断扩大农产品的供应,优先解决温饱和贫困问题,并在这个前提下来保护资源和环境问题,首先强调人类及其后代能够继续在地球上生存,然后考虑发展问题。1987年,联合国世界环境与发展委员会发表了题为《我们共同的未来》的长篇报告,呼吁世界各国维护资源,保护环境,开辟可持续发展的道路,并在报告中把"可持续发展"定义为"在不危及后代人需要的前提下,寻求满足当代人需要的发展的途径"。

目前,各界普遍认同的可持续农业的定义是由FAO(联合国粮食及农业组织)理事会于1988年确定的;1991年荷兰国际农业与环境会议对可持续农业的定义进行了修正,基本含义相同,同时明确提出了可持续农业战略的三大目标。《登博斯宣言》中对可持续农业的定义是："……管理和保护自然资源技术，并调整技术和机构改革方向，以便确保获得和持续满足目前几代人和今后世世代代人的需要。这种（农业、林业和渔业部门的）持续发展能保护土地、水资源、植物和动物遗传资源，而且，不会造成环境退化，同时技术上适当、经济上可行、能够为社会所接受"（FAO，1991）。牛文元对 WCED 给出的可持续发展定义"既满足当代人的需要，又不对后代人满足其需求能力构成危害的发展"从空间尺度上做了补充，加上了"特定区域的需要不削弱其他区域满足其需求的能力"。因此，现在为国内大多数专家学者所接收的可持续发展的定义为：特定区域的需要不危害和削弱其他区域满足需求的能力，同时当代人的需要不对后代人满足其需求能力构成危害的发展。

2.3.2　可持续农业生态系统认识

可持续农业发展作为一种全新的发展模式，已成为国际社会的主流，成为正确辨识人与自然和人与人之间的关系，创造和谐的世界准则，形成了世界上不同社会制度、不同意识形态、不同文化群体在可持续发展问题上的共识。可持续发展理论框架构建在于深刻揭示"自然-社会-经济"复杂巨系统的运行机制，如何在这个复杂的领域中，正确揭示自然规律、人文规律以及自然与人文相互交织演绎的规律应为目前可持续发展的焦点所在。

2.3.3　可持续农业发展面临的问题

首先，农业生态系统是一个高度综合型或复合型的自然生态-社会经济系统。可持续发展要考虑经济发展、资源配置、环境支持、生态平衡等众多复杂因素的相互制约、相互作用与相互影响，其中任一个因素都自成系统，各系统之间又因相互渗透、相互作用而形成更大的系统——自然生态-社会经济复合系统。其次，农业生态系统是蕴涵不完全信息动态大系统。可持续发展不仅要在动态中考察经济、资源、环境、生态等因素的复杂相互作用，其中有些作用是信息不完全的——如市场信息、自然因子中某些信息（如气候变化、洪涝、地震等灾害的发生），而且还要考虑跨代之间的有序传递和合理分配这一不完全信息。另外，随着全球经济一体化，许多问题已成了世界性问题，由此带来的是区域的可持续发展问题不仅仅涉及一个区域、国家问题，还涉及全球性、世界性的可持续发展问题。

2.3.4 可持续发展内容

可持续的区域发展就是要建立一个整体优化、协调发展的自然生态-社会经济符合大系统，这就要求可持续农业满足以下内容：首先，以实现可持续农业战略的三大目标（刘巽浩，1992）为前提，即积极增加粮食生产，既要考虑自力更生和自给自足的基本原则，又要考虑适当调剂和储备，稳定粮食供应和使贫困者获得粮食的机会，妥善地解决粮食问题，保障粮食安全；促进农村综合发展，扩大农村劳动力就业机会，增加农民收入，特别要努力消除农村贫困状况；合理利用和保护农业资源，创造良好的生态环境，以利于子孙后代的生存与发展。其次，注重可持续农业的整体效益的落实，即实现生态效益、经济效益、社会效益相互统一、相互制约，共同构成了，这是农业可持续发展目标的综合体现。再次，要保护农业生产的环境，即生物-自然、社会-政治、经济-技术三重环境内的各种过程的综合体（蔡运龙，1995）。最后保持系统各子系统的可持续性，按照系统论观点，SARD（可持续农业与农村发展）是一个多层次和多要素相互作用的复合系统（刘彦随等，1996），其核心遵循生态系统的"整体、协调、循环、再生"的原理，是农业自然生态、经济和社会子系统的相互耦合、彼此协调使农业的发展建立在持久不衰和保护生态环境的基础之上，强调生态、经济和社会可持续性等三重可持续性的统一和协调，在生态系统内部生产潜力的深度开发和区域性、系统整体优化和持续发展的基础上，兼顾经济、社会、生态三个效益。

农业和农村发展的可持续性是农业生态系统最基本原理，奠定了生态农业建设中发展经济和保护资源的基本思路。具体包括：整体效益原理；边缘效应原理；生物共生互利原理；群落学上种群间相居而安的原理；强化生态系统中生物学过程的原理；生态系统动态演替导向原理；加强内循环作用，促进系统内部深度开发的原理；因地制宜进行区域性生态建设原理；充实生态位原理；优化投能结构，提高投能效率的原理；限制因子作用原理等（李新平，2000）。

2.3.5 可持续发展战略的根本途径

区域农业生态系统的负反馈机制与社会经济增长的加速机制之间的矛盾客观存在。可持续发展的要求使建立生态-经济-社会的负反馈进化机制。科学的选择是社会宏观调节系统通过可持续发展战略、政策、立法等调节手段,把生态系统负反馈机制与经济社会的正反馈机制联结为一个生态-经济-社会负反馈机制。并且,经济反馈机制要始终以生态负反馈机制为基础,即以生态系统的资源可输出量(物质、能量)决定经济系统的投资规模,再以这个投资规模确定经济增长速度。

2.3.6 区域农业发展空间特性

研究区域农业可持续发展的意义,在于通过区域这个窗口去探索其动态演绎规律,进而揭示自然-社会-经济之间的相互关系,从而认识系统并提高对系统的可持续管理。这就要求研究区域空间特性。对于区域农业生态系统来说,其空间特性有二。

一是不均衡性。在地球表面上找到任何两个完全相同的地方,地域差异总是存在着,由此孕育发展水平的差异也是不可避免的。那种支持区域发展的资源、自然环境的适宜性、地形、区位的优劣等差异必然造成地域发展空间的不均衡。同时这种区际差异也是保持事物发展的原动力。鉴于这种空间发展的不均衡性,积极的策略是尊重这种客观实事,保持合理的区域发展差异梯度,并控制这种差异在某一临界阈值之内。如果控制不好,不仅差异完全消失,抹杀了发展的原动力,还会造成整个社会结构的紊乱和极度不稳定,不利于区域的正常发展。因此,政府应当做好区域宏观调控工作,把区域发展的空间差异保持在合适的范围内,以发挥高发展地区的示范、引导作用。

二是区域趋同。区域趋同包括时间和空间两个方面。区域之间的相互作用、相互联系,如区际贸易往来、知识和技术的扩散与传播等,是缩小区域差异、促进区域协调发展的主要动力。"近朱者赤,近墨者黑"。一个区域,如果以发达地区为邻,其发展的可能性则会增加;相反,以欠发达地区为邻,其发展的可能性将会减小(蒲英霞等,2005)。这种区域趋同即"俱乐部效应"其实也是区域空间不均衡的拉动效应造成的,作为政府,如何鼓励和把握这种趋同,保持系统发展的持续动力,是值得考虑的重要问题。

2.3.7 确立区域农业可持续发展战略评价体系

关于可持续农业发展战略评价体系,还没有统一的标准。对于区域农业可持续发展指标的确立来说,设计指标在注意方便区域间可比性的同时,要根据区域实际,确立有针对性和可操作性的评价指标。同时,指标要注重对资源和环境的评估，真正做到资源和环境有价。可持续发展指标体系的设置应考虑以下3点。

（1）确定评价对象

以一定区域或类型的农业生态系统作为对象，然后区分系统内资源、经济、社会与环境四大系统相互联系与协调的指标体系和四大系统总的每一系统的指标体系，注重系统结构、功能、效益及可持续性评价。

（2）评价原则

因地制宜原则；生态经济原则；综合协调发展原则；可操作性和现实性原则。既要考虑到指标的全面性和系统性，也要照顾可操作性和现实性。

（3）可持续农业发展指标体系的建立

从总体上看，它使一个多层次、多方位、多结构的横向网络，有的研究对象使可测度的，有的则使当前不可测度或难以测度的。因此，它的建立有一个逐步完善和成熟的过程，需要用发展的观点看待指标体系的建立。

2.3.8 区域农业可持续发展的目的意义

就是通过不断的结构调整，使系统的能流物流能够维持和实现系统自然、生态、社会三重可持续发展。

2.4 小结

本研究基于前人对系统论、生态系统理论、农业生态系统理论研究的基础上，对区域农业生态系统的内涵、边界、组成、系统演替动力、演替机制、演替方向等方向进行探讨。

区域农业生态系统即在一定的地缘或行政空间范围内，从事大体相似的农业生产的农户、所处的自然资环境、对其有直接辐射作用的农产品市场以及包括政府在内的社会环境通过相互间作用形成的具有农林牧渔产业结构的综合体，是一种人工生态系统，具有较强的地缘特征和人类群体活动效应。

区域农业生态系统演替动力包括自然和人为两个方面，自然方面具体表现为资源禀赋方面；人为方面表现为市场经济、农业科技、需求拉动、经济管理制度、政府宏观调控、法律机制人口等方面。

系统演替机制表现为区域农业生态系统演替机制就是在系统这种自然资源为诱导，人为作用为定力的双重作用下，不断推动系统在维持系统可反馈的基础上，向利于人类需求的方向移动，农业生态系统的演替实质上是人类需求驱动下，自然资源物质流和能量流呈人为定向性波动性演替，是自然资源供给与人类需求不断发生演化的过程，不断地推动自然生态子系统与社会经济子系统之间供需矛盾由平衡到失衡再到另一个平衡方向演替。

3 黄淮海平原农业生态系统概况

黄淮海平原地处华北地区，是我国最大的平原，重要的农业产区。以前的文献资料多以"华北平原"称之，只是1963年以后，中央提出对"黄淮海平原"旱、涝、盐、碱综合治理以后，在学术论文和著作中遂有以"黄淮海平原"一词取代"华北平原"的称呼。行政上辖五省二市的部分地区，即北京市、天津市、河北省、河南省、山东省、江苏省、安徽省，这基本已达成共识，只是关于具体边界还未曾统一，分歧的焦点是对平原南界的划分上：有的以淮河主干流为界，有的以淮河流域平原区为界，有的以淮河主干流——苏北灌溉总渠为界。本研究采用的是大多数学者公认的，面积为33.4万 km^2，包括306个县。其自然地理区界北起燕山山脉的南麓，南至淮河至洪泽湖一线的北面地区，西起太行山和秦岭的东段，东面环抱着鲁中山地，临黄海和渤海。区域位于东经113°~120°30′，北纬32°~40°30′，面积为33.39万 km^2。

3.1 黄淮海平原资源环境

区域资源及环境（包括自然的、社会的、经济的）对区域农业发展尤其是长期发展的方式具有重要的影响。区域农业的发展尤其是种植业受水、土、气等资源及经济技术条件的影响和制约，特别是区域土地利用结构中耕地资源的利用特点体现了系统农业的特点。区域农业演替深受区域自然资源结构、时空分布的制约。

3.1.1 地质地貌

黄淮海平原是第三纪喜马拉雅运动以来形成的一个巨大的盆地。由于盆地不断下沉，逐渐为沉积物所填充，形成了一个冲击堆积平原，与周围的燕山、太行山、秦岭、大别山等山地之间均有断裂带相连。地表物质以松散的沉积物组成为主，是经过河流、湖泊和海洋等外营力共同作用的结果。一般沉积物的厚度在 500~600m，厚的可达几千米。黄淮海平原的海拔高度一般都在 200m 以下，相对高度一般不超过 30m，地表坡度不到 10°，坡降在 1/2000~1/200。黄淮海平原的北、西、南三面高山环绕，向东海岸倾斜。主要的外营力是河流，在黄淮海平原形成过程中，黄河的变迁对平原塑造的影响最大，多次干扰海河、淮海水系，但这两条水系也有其自身发展的规律和特点。

黄淮海平原地貌形态由三个单元组成，即山前洪积冲积倾斜平原，冲积平原和滨海海积平原。山前洪积冲积平原处于黄淮海平原最高，由大中型河流或者众多的小河流和间歇性流水冲积而成，海拔高度一般都在 120m 以下，但局部地区的冲积扇顶部可达到海拔 200m，坡降一般在 1/1500~1/500，地形倾斜程度较高，质地较轻，自然排水良好，地下水分布上与地表形态一致，多埋深在 4m 以下，有的可达 7m 以下，水量丰富且水质良好，没有涝害和盐碱的威胁，是黄淮海平原主要的农业生产基地。黄淮海平原的冲积平原是处于黄淮海的中心地区，夹于山前洪积冲积平原和滨海平原之间的广阔平原，是由历史上大小河流的多次改道泛滥冲积形成，这里地势低平，海拔高度在 35m 以下，坡降一般 1/8000~1/5000。以平原中的黄河中轴为界，北面地区地势由西南向东北倾斜，南面地区地势则是由西北向东南倾斜。地下水分布也基本上与地势相一致，以黄河为中轴由北到南，地下水埋深从 2~4m。在地貌发育上，以黄河的影响最大，历史上因其大量的泥沙随黄河多次改道决堤淤积，造就了今天的平原古河道高地与河间洼地的地貌类型。古河道高地一般高出地面 2~3m，地表组成物质多为细沙、粉沙，在北方风力作用下，容易形成沙害。古河道高地之间的低洼地中的土壤因地势低洼土质黏重，这里成为水分和盐分汇集的地方，易形成旱涝和盐碱灾害。黄淮海平原的滨海海积平原是临黄海和渤海的低缓平原，地势平缓，海拔高度多在 5m 以上，坡降一般在 1/15000~1/10000，是海陆交互沉积的地带，土壤质地黏重，由于海水顶托，排水不畅，地下水埋深浅，在 1.5m 以下，水质差并伴有严重的土壤盐渍化、沼泽化现象。区域淡水资源短缺，有大片没有得到利用的盐碱地。

3.1.2　气候

黄淮海平原地处暖温带半湿润季风区，气候温暖，光热条件良好。年平均太阳总辐射量为 4770~5570MJ/m²，年平均日照时数 2100~2800h，年平均气温为 10~15℃，≥0℃的年积温为 4200~5500℃，≥10℃的年积温为 3600~4800℃，持续日数 200 日，无霜期为 170~200d。受我国东南季风影响，年平均降水量达 500~950mm，且 60%~70% 分布在夏季，光热雨基本同季，有利于喜温作物种植，农作物多一年两熟。从热量条件来说，南部能满足稻、麦或小麦、玉米一年两熟；北部则可二年三熟。有些地方由于水肥条件好，早、中熟品种搭配好也可一年两熟。

（1）太阳辐射空间分布

日照时数长度。日照时数长度随纬度有季节性的变化：夏至白昼最长，日照长度约 15h；冬至白昼最短，日照长度只有 8 个半小时到 9 个小时。平原内全年日数随纬度增高而增加，太阳总辐射的日变化和年变化。太阳总辐射强度的日变化过程主要决定于太阳高度角的日变化，同时可根据各地的日射观测资料据分析区域年太阳总辐射和月总辐射变化特征。黄淮海平原各个地区日射观测资料研究表明，黄淮海平原年太阳总辐射值在 4760~5570MJ/m² 变化。月最大值出现在 5 月或 6 月，该月太阳总辐射值为 610~710MJ/m²。月最小值都出现在 12 月，其值为 230~280MJ/m²。春季各月太阳总辐射值增长很快，且显著大于秋季，这是由于春季太阳位置高白昼时间上而秋季云量少，日照百分率高。该区日总辐射值和年总辐射值分布规律一样，随着地势的北移，其日总辐射值依次增加，范围从 18~21MJ/m²，年总辐射值依次从 5000~5500MJ/m²。

（2）热量资源

年平均气温。年平均气温是反映一个地区内总的热量变化情况的标志。黄淮海平原地处暖温带，年平均气温在 10~15℃，自南向北逐渐降低。由于区域北、西面有山脉的阻隔，热量条件优于同纬度的其他地区。黄淮海平原的年平均气温随纬度平均大约纬度每增加 1°年平均气温降低 0.5℃。等温线随地形起伏而变，在黄河以北的京津、廊坊地区年平均气温为 11.5℃ 左右，河北中部及南部为 12.8℃，山东北部沿海地区略低于 12.0℃，往内地逐渐增加到鲁西北的 12.5~13.5℃。黄河以南淮河以北的黄淮海等温线基本上呈东西走向，河南省境内黄淮海范围内的部分为 13.5~15.3℃，鲁西南为 13.5~14℃，皖北为 14.0~15.4℃，徐淮地区因临黄海，气温有所降低，年平均气温在 13.0~14.5℃。全区由北向南最冷月平均气温为 −5~2℃，最热月的为 26~28℃。

作物生长积温。区域积温大势南高北低；积温年际变化大，春温回升快，秋温降落也快，年内气温变幅大，不稳定。黄淮海平原日平均气温≥0℃的初始日期平均从淮河沿线的2月5日逐渐向北延迟到燕山南麓的3月5日，先后相差28d，在地区上，黄河以南等日线大致呈纬向分布，皖北地区自南往北为2月5日到2月15日，徐淮地区2月10日到2月18日，河南省境内为2月5日到2月20日。河北省、京津地区及山东省境内因受西面太行山脉及东面渤海的影响，等日线大致呈西北—东南向排列，日平均气温≥0℃的初日由南部的2月20日向北、向东推迟到3月5日。全区日平均气温≥0℃的终止日期与初始日期相反，由北往南推迟，平均从燕山南麓的11月21日至淮河沿线的12月29日，先后相差39d。终止日期的地区分布除地形影响而稍有差异为，基本上都呈纬向分布，大致河北、京津地区及山东境内为11月21日到12月20日，河南省境内为12月10日到12月19日，徐淮地区为12月15日到12月20日，皖北地区为12月15日到12月29日。由上述可知，黄淮海平原北部日平均气温通过≥0℃的日期开始得晚，结束得早，南部则相反。因此，年内≥0℃的日数由北往南逐渐增加，从燕山南麓的261d到淮河沿线的330d相差约70d。在地区分布上大致是河北省和京津地区为261~295d，山东为275~305d，河南在295~330d，皖北地区为310~330d，徐淮地区为310~315d。等日线基本上都是纬向分布。日平均气温≥0℃时期的温度之和为积温，在黄淮海平原范围内为4500~5500℃。虽然总的分布还是随纬度增加而积温减少，但在地形变化明显和沿海地区，更大程度上表现为地形的影响，如北纬39~40℃的京津唐地区，由于唐山丘陵和渤海地形差异，≥0℃积温由东部的4200℃向西增加为4600℃。根据作物整个生产发育期对热量的需要，地处暖温带的黄淮海平原种植制度一般以两年三熟为宜，南部品种搭配适当也可一年两熟。一般认为保证率为80%的≥0℃积温，如达到4800℃以上，采用早或中熟品种在热量上可达到一年两熟的要求；如低于4200℃的地区则只能为一年一熟或两年三熟。因此，从≥0℃积温分布图来看，在平播种倒茬不间作和套作的情况下，河南、皖北、鲁西南、徐淮地区在采用早、中熟品种的情况下基本上可以一年两作或两年三作，河北大部、京津地区和鲁北、鲁西北地区可以两年三作，而唐山以东地区则只能一年一作或两年三作。但由于水分、劳力及机械化的差异，特别是劳动力紧张的地区，一般是两年三作。日均气温≥10℃的初期日期平均从淮河沿岸的3月31日逐渐推迟到燕山南麓的4月10日到15日；日均气温≥10℃的终止日期平均从燕山南麓的10月22日向南推迟到淮河流域的 11 月 10 日，相互相差 19d；与日均气温≥0℃的情况一样，日均气温≥10℃的日数从北向南也逐渐增加，从燕山南麓的 195d 到淮河沿岸 225d；全区日均气温≥10℃的积温值为 4100~4900℃，自北向南增加。其空间分布和≥0℃的积温值的地形图一样，也除了受纬度影响外，也明显受地形的影响。日平均气温≥10℃积温值大小及其时间分布是判断一个地区是否适合某种喜温作物定居的标志。因此本区多为一年两熟或两年三熟制。

无霜期。无霜期也是判断喜温作物生长于某地的标志。全区平均初霜日期从燕山南麓的 10 月 12 日到淮河沿线的 11 月 6 日；平均终霜期由南到北为 4 月 5 日到 4 月 17 日。黄淮海平原的无霜期日数从北向南为 177~220d，但是由于受地形和小环境的影响，其分布也并不完全呈纬向分布。总的来说是南长北短，同时随地形起伏成南北排列，并多零星小中心。从无霜期来看，全区普遍可种植春播晚熟喜温作物或在冬小麦收获后复种一季早、中熟喜温作物。

(3) 降水量

区域降水量仍然和 20 世纪 80 年代一样，具有 4 个特点：降水年际分布不均，如河北省夏季降水量最多，占全年降水量 65%~80%；年际降水变率大，多雨年与少雨年降水量相差 4~5 倍；雨季始、终期不稳定，由于太平洋副热带高压的位置、强度以及北进和南撤时间的早晚不同，导致本区雨季的开始和结束期不定；地域分布不平衡，北部、西部迎风坡降水量多，达 500~700mm；山麓平原的东部及滨海地区降水量较少，为 500~600mm（郭焕成，1991）。

地域分布。黄淮海平原年降水量为 600mm 左右，年降水变率在 25%~38%，仅次于我国的西北地区，是我国年降水变率较大的地区之一（周立三，2000）。自东南向西北减少。大致以黄河为界，其南部降水量大于 650~750mm，而黄河北部，除了沿燕山山脉的山麓平原以外，年降水量都不足 500~650mm；河北低平原是少雨中心。

降水的季节分布。黄淮海平原作物生长是每年的 4—10 月，作物生长季节中，黄河以北地区的降水量与年降水量只相差 50mm，黄河以南地区相差 100~150mm。黄河以南地区的降水的季节分布分配比以北地区均匀一些。与作为作物需水量的可能蒸发量和降水量的差值比较表明，作物生长季节中，黄河以南平原淮北、苏北地区的降水量能满足作物生长的需要，黄河以北地区降水未能满足作物生长需要，降水不足主要原因是春季降水不足所造成的。在作物生长季节中，不同时段降水对作物满足的程度不同，4—5月，黄淮和平原的降水不能满足作物的需要，黄河以南缺少70~120mm，黄河以北缺少130~160mm，淮北和苏北基本上能满足作物需水的要求。作物生长季节降水的相对变率为20%~25%，降水越少的地方，变率越大，很不利于农作物的生长。

（4）区域年蒸发量

蒸发是影响区域水量的重要因素之一，尽管有研究认为黄淮海流域蒸发量减小的趋势（郭军等，2005），但其占降水的比例并没有减少，区域年蒸发量为年降水量的80%，只有区域年降水量、蒸发量及地表径流量的总平衡量大小对土壤含水量有重要的影响。据统计，区域年蒸发量和年径流量分别占年总降水量的80%和20%，从而是平原在旱年旱情加剧，在多水分年出现洪涝灾害。黄淮海平原平坦而深厚的冲积洪积层有利于蓄积大量的降水，为地下水的重要来源。黄淮海平原土壤水分是大气降水和地下水交换的场所，也是地表径流形成的重要因素。整个黄淮海平原的土壤水分总量平均为610mm，为地表水和地下水总和的2.41倍，是重要的农业水资源，尤其对平原区一小部分无灌溉措施的地方尤显重要。

（5）气象灾害

黄淮海地区是我国气象灾害类型多、发生频率高、影响程度大的地区之一。灾种主要有干旱、涝灾、干热风等。其中以旱、涝灾害为主，旱涝交替发生。如干旱：华北地区，降水集中，春旱较严重，干旱成灾的概率达25%~40%，一般春旱重于秋旱。

3.1.3 水资源

（1）水资源特点

黄淮海平原水资源贫乏，除了降水产生的径流量外，还包括地表水和地下水。区域地表水资源不仅短缺，而且时空分布不均。自太行山的迎风区至燕山的迎风区为地表水资源的高值地带，年径流在150mm以上，最大的为400mm，每平方千米产水20万~30万 m^3，局部可达40万 m^3，而冀中平原为地表水低值，年径流量多在25mm以下，最小仅10mm，每平方千米产水在2.5万 m^3 以下，局部只有1万 m^3。黑龙港地区每平方千米仅20423m^3 地表水资源量，而运河以东和北四河却分别为50166 m^3/km^2，相差2.5~3.3倍。地下水资源也分布不均。以河北省为例，地下水资源分布的总趋势是平原地区的补给模数大于山区，太行山、燕山山麓平原为该省地下水的富水区,地下水补给量在 20 万 m³/km²,水质好为钙质重碳酸盐,地下水埋深浅;在以黑龙港为主体的低平原区,地下数由北向南、由西向东逐渐减少(郭焕成,1991)。

(2) 水资源现状

水是农业生态系统的重要要素之一。2000 年全国平均降水量 633mm,属平水年。同年海河流域平均降水量 490mm,比常年少 9.4%,水资源总量 270 亿 m³,比常年减少 36.0%;淮河流域属偏丰年,平均降水量 936mm,比常年多 11.1%,水资源总量 1233 亿 m³,比常年增加 28.3%;黄河流域属枯水年,平均降水量 381mm,比常年少 15.1%,水资源总量 566 亿 m³,比常年减少 23.9%。2000 年黄淮海流域总供水量 1347 亿 m³,其中地表水供水量为 766 亿 m³,地下水供水量为 575 亿 m³;2000 年总用水量为 1341 亿 m³,其中农田灌溉用水 903 亿 m³,林牧渔业用水 68 亿 m³,工业用水 222 亿 m³,生活用水 149 亿 m³(中华人民共和国水利部,2004)。

1994—2000 年黄淮海地区年径流量平均 1313 亿 m³,而实际供水量 1410 亿 m³,其中开采地下水为 561 亿 m³。三流域的缺水量如扣除地下水超采量,缺水量约为 150 亿 m³。在水资源持续衰减、用水量不断增长的状况下,黄淮海地区水资源供需不平衡矛盾进一步加剧。在地表水衰减、供水不足的情况下,地下水开采量不断加大,以海河流域最为明显,在 1994—1999 年地下水开采占总供水的 60%(陈志恺,2002)。

从资源角度看,整个研究区内,2000 年海河、淮河和黄河流域地表水控制利用率分别为 78%、37%和 72%,按相关国际标准,海河流域和黄河流域均是用水高度紧张地区,淮河流域为用水中高度紧张地区。2000 年黄河、海河和淮河流域符合和优于Ⅲ类的河长分别占 46.7%、34.9%、26.2%。黄淮海流域河流污染河段(劣于Ⅳ类)达 54%,高于全国平均 13.5 个百分点;海河、淮河流域约一半河段水质劣于Ⅴ类。海河和淮河已无Ⅰ类水,且Ⅱ类水所占比例也较低。可以看出,黄淮海流域水质状况整体堪忧。而水资源总量仅占全国的 7.2%,人均水资源占有量 465m³,远低于国际公认的人均水资源危机线。海河、淮河、黄河三流域的地表水现状开发利用消耗率已分别达到 78%、37%和 72%,都已超过或是接近 40%以下的开发利用率安全警戒线,是我国水资源与经济社会最不适应、供需矛盾最突出的地区(中华人民共和国水利部,2004)。

3.1.4 土壤

黄淮海平原主要土壤类型潮土和褐土,分布区的土地平坦,土层深厚,土质适宜耕作。此外，还有少量棕壤和水稻土分布。障碍性土壤主要是砂土、盐土和砂姜黑土。潮土是一种非地带性土壤，广泛分布于冲积平原和滨海平原上，是黄淮海平原地区主要农业土壤类型；褐土也是地带性土壤，大多分布在燕山山麓西段和太行山山麓洪积扇上，因地势较高，土壤发育不受地下水的影响而形成；棕壤是地带性土壤，成土的母质大多是酸性母岩的风化物，主要分布在降水较多的沂蒙山山麓洪积扇及山前岗台地，皖北孤立残丘及燕山山麓东段（昌黎以东）的坡洪积平原等地方。盐土主要分布在滨海平原中，是一种非地带性土壤，因地势低平，排水不畅，受海水的顶托，地下水位较浅而形成。在冲积平原的背河洼地，碟形洼地，当这些洼地的水位较浅，水质矿化度超过 2g/L，表土含盐量超过 6‰，是黄淮海平原地区主要的低产土壤之一。现随着人们长期对盐碱地的长期治理，其中有的地方表土的含盐量已经降到 1‰ 以下。砂姜黑土是一种受母质和地下水影响而形成的非地带性土壤，其分布多与古代的湖泊沉积关系密切，过去的沼泽地在经历了脱沼泽化过程后，就有可能形成砂姜黑土。砂姜黑土所分布的地区一般排水不良，土壤质地黏重，地下水位大于在 2m 左右，雨季地下水位上升，有季节性积水，也是黄淮海平原地区的一种地产土壤类型。砂土是一种非地带性的土壤，是在沙形母质影响下发育的，主要分布在河流两岸的天然堤、决扇口和河流故道两岸及其泛滥区，特别是黄海、永定河及其故道附近。砂土也是黄淮海一种地产土壤（石元春等，1988）。

3.1.5 土地利用

土地利用类型多样，因地形差异和经济发展水平不同，具有明显的地域分布和规律性，表现为在平原以耕地为主，丘陵地以耕地为主同时园地、林地和草地也占有较大的比例，山区以林地和牧草的为主且耕地占一定比例，滨海地区以耕地和牧草地为主并有较大面积的水域和滩涂地，而同时经济发展较高的铁路沿线非农业建设用地高，在经济发展水平的地区、滨海盐碱地及山区非建设用地低且未利用地占很大的比例；整个区域耕地为主要类型，但重用轻养现象严重，地理普遍不足；非农业用地比例较高，并且面积逐年扩大，如在京津唐地区，非农业建设用地占总土地面积的比例在 10% 以上；土地利用结构不合理。首先，从用地结构上，黄淮海地区农业用地中耕地约占 70%，而林地和牧草地合计不足 20%。其次，从农业产值结构来看，2001 年，农林牧渔产值比 35：1：15：3。最后，从劳动力结构中，从事第一产业（包括农、林、牧、渔业）的劳动力所占比例在 67.55%，而从事第

二、第三产业的劳动力较少为 32.45%。总之，区域土地利用以耕地为主，农业生产以种植业为主，林牧渔薄弱，各业之间发展不协调。

3.1.6 生物资源

黄淮海平原开发历史悠久，大部分土地都已经开发利用，所以天然植被比较简单，在未开垦土地中，尚有天然次生林或旱中生的灌丛；在一些固定沙丘上，生长耐旱的沙生杂类草；盐滩地上，生长耐盐碱草植被。

3.2 社会经济态势

3.2.1 农业投入能耗分析

从该平原农业主要能源及物质消耗来考查，把其作为一个整体单元与全国其他省市相比较排位，2000年农村用电量为 2167.72 kW/hm^2，全国第6位；化肥用量为 556.41 kg/hm^2，全国第3位；地膜用量为 8.09 kg/hm^2，全国第4位；柴油用量为 228.53 kg/hm^2，全国第4位；农药用量为 13.24 kg/hm^2，全国第9位；农业机械总动力 9.65 kW/hm^2，全国第1位；有效灌溉率为 62%，全国第7位（比值都是消耗量与耕地面积之比）（表3.1）。从这些数据分析可知，其农业现代化整体水平较高，在全国处于领先地位，说明其有着现代化农业生产的基础优势地位，同时其能源及物质消耗高说明其农业生产还是处于高消耗状态。

表3.1 2000年黄淮海平原农业主要能源及物质消耗

单位：kW/hm^2，kg/hm^2

项目	农村用电量	化肥用量	地膜用量	柴油用量	农药用量	农业机械总动力	有效灌溉率
全国	1861.97	318.85	5.56	108.05	9.84	4.04	41%
黄淮海平原	2167.72	556.41	8.09	228.53	13.24	9.65	62%
位次	6	3	4	4	9	1	7

3.2.2 黄淮海平原农村经济发展与全国的比较

据统计数据分析，北京地区农民 1984—2001 年人均纯收入一直位于全国第 2 位，仅 1997 年落为第 3 位。天津地区自 1980 年起，其位次有逐年下降的趋势，但其变化幅度小，一直处于第 3 位与第 6 位之间。河北省农民人均纯收入自 1992 年来一直处于快速增长趋势，其位次从第 20 位跃居第 9 位。江苏省自 1985 年来，其农民人均纯收入一直处于平稳状态，其位次处于第 5、第 6 位之间徘徊。安徽省农民人均纯收入在全国的位次变化较大，自 1980 年的 16 位下降到 1992 年的 27 位，到 1994 年再上升到 18 位，近年来在 18 位与 21 位之间变动。山东省农民人均纯收入在全国的位次从 1980 年的第 14 位平稳上升到 2000 年的第 8 位。河南省自 1990 年的第 28 位缓慢上升到 2000 年第 19 位。黄淮海地区的农民人均纯收入 1995 年以前在全国总体上处于落后地位，1995 年以后基本上达到了应有的地位，但河南、安徽两省还是处于落后地位，特别是河南省是我国的农业大省，其农民人均纯收入一直处于落后地位。

经上述分析黄淮海平原近年来农村经济发展与该区域在全国农业中的地位很不协调，出现所谓的"农业大省，经济小省""产粮大县，财政穷县"等现象，使本来具有的优势没有发挥出来，经济上显得后劲不足，农民整体收入增长明显减缓。如 1985—1993 年，该区域农民人均纯收入年递增率仅为 1.04%，低于全国同期的 2.62% 的平均水平（按 1990 年可比价格计算）（张明亮，1999）。自 1994 年来，全国农民人均纯收入年相对增长率由 8.85% 下降到 2000 年的 3.51%，而同期该区域则由 11.26% 下降到 4.16%（按 1978 年可比价格计算），比全国下降幅度大，明显后劲不足。农民收入增长缓慢的原因很多，其中重要的原因当前可认为是经营规模小，农业产业化落后，农业科技推广面不广，农业土地利用产出率低下，整体效益差，与现代农业的发展要求差异大。

3.3 黄淮海平原在我国的战略地位

黄淮海平原按水土资源划分可分为以下七个区域：山前平原区、黑龙港流域、豫东南区、鲁西北区、鲁西南区、皖北区、江苏淮北区。黄淮海平原处于我国中原腹地，分布着北京、天津、郑州及石家庄等大中小城市 50 多个，其交通便利，有京广、京沪、京九等重要的交通运输线贯穿过其中，南依长江经济带，东傍渤海与黄海，经济、外贸、文化、交通、工业、商业发达。有关专家认为该平原北部可能成为继长江三角洲、珠江三角洲经济圈大展活力之后的环渤海经济圈的中心地带，其正加速崛起，尤其是京津冀北地区，有望成为中国经济板块中乃至东北亚地区极具影响力的经济隆起地带。京广、京九两主动脉将该平原分为东、中、西三部分，推动了南北经济交流，产生了强大的经济辐射效应，使该平原的城市化农业区、高产区、中低产区的特征更为明显，为未来的农业及土地利用结构调整提供了区划基础，也使该平原农业与农村经济发展具有巨大资源、市场空间潜力。

3.4 小结

黄淮海平原行政上包括北京市、天津市、河北省、河南省、山东省、安徽省、江苏省的部分地区，共有306个县市。黄淮海平原地势平坦，局部为岗洼地镶嵌，土壤肥沃，属暖温带气候，光热资源丰富；但旱、涝、风、沙、盐、碱等不利的自然条件影响了农业生产。

农业现代化整体水平较高，在全国处于领先地位，说明其有着现代化农业生产的基础优势地位，同时其能源及物质消耗高说明其农业生产还是处于高消耗状态。黄淮海平原近年来农村经济发展与该区域在全国农业中的地位很不协调，优势地位没有发挥出来。

黄淮海平原区位条件优越，有望成为中国经济板块中乃至东北亚地区极具影响力的经济隆起地带。

4 黄淮海平原农业生态系统演替分析

4.1 中华人民共和国成立后黄淮海平原农业生态系统演替概况

系统辩证论不仅承认世界是物质的,物质世界是成系统的,系统是由要素单元组成,要素单元又是经过结构联系成为系统,而且要素的联接方式是呈层次的,系统-结构-要素形成有机的系统整体。任何系统都是通过结构的中介联结方式与要素组成的。结构是系统存在、运动和变化的形式,系统要素的结构形式不同,由其反映出来的系统物质整体的行为、能力和功效即功能也不相同。系统的稳定结构规定着、制约着系统功能的性质和水平,而功能又会在不断的变化中反作用于结构。因此,研究物质系统时就要从认识系统结构做起。黄淮海平原农业生态系统的演替同样也是由其系统结构变化引起的,探究系统结构演替情况是把握整个系统演替的关键所在。

黄淮海平原农业生态系统结构通常是通过农业产业结构体现的。中华人民共和国成立以来,农业大体上可以农村改革开始启动为界划分为1949—1978年的传统农业向1979—2001年的现代农业转变的两个不同的发展阶段。黄淮海平原是中国重要的农业产区之一,其农业生态系统的演替过程即系统产业结构演替就是在这种大的环境背景下进行的,此演替也经历了这两个大的阶段的转变,印证了整个中国农业的时代足迹,本研究在关注研究区发展的同时,还可为中国农业的研究提供区域性参考依据。

4.2 研究方法

4.2.1 方法依据

系统论认为,系统持续运行中表现出来的状况或态势,称为系统的状态。系统行为正是通过系统状态的取得、保持和改变来体现的。研究系统，主要关心的就是它所处的状态、状态的可能变化以及不同状态之间的转移（苗东升，1998），而这种状态的变化及转移即是演替。农业生态系统是一个复杂的自适应系统，其构成要素及运行环境按照一定的方式不断地从简单到复杂、从低级到高级、从无序到有序进行演替，从而实现状态之间的不断转移，表征出一定的发展轨迹和趋势。可持续农业生态系统强调农业系统的时序进行。首先要求对系统所处打扰状态以及不同状态之间的转移过程进行研究。具体到实践上，某一时空域的农业生态系统状态只是一个孤立的抽象概念，它只有在横向及纵向的比较中才更有意义，我们可以从比较而得到可持续利用状态差距，按照计算层次逐步回溯，寻找促进或阻碍农业系统可持续利用的具体要素，为系统的可持续发展提供依据。

农业生态系统可持续本质上具有一定的抽象性和模糊性，要对这类复杂系统进行可持续研究，就需研究其演替特点及规律，这就必须在定性描述的基础上辅以定量分析的方法，对系统进行定量研究，以便更好地取得研究效果。目前国际上普遍使用能值分析来分析和评价尤其是包括资源环境在内的系统，该方法是美国著名生态学家、系统能量分析先驱 Odum 为首于 20 世纪 80 年代创立的。应用能值这一新的科学概念和度量标准及其转换单位——能值转换率（transformity），不仅可将生态经济系统内流动和储存的各种不同类别的能量和物质转换为同一标准的能值，以定量分析系统结构和功能，还可定量研究自然资源的评估利用、国家经济方针政策的制定等（蓝盛芳等，2002）。本研究将在定性分析的基础上，应用此方法进行定量化分析，以便更好揭示区域农业生态系统演替规律及其资源环境的可持续利用状况。

4.2.2 具体方法

农业生态系统结构即农林牧渔产业结构，是研究农业结构变化重要的量化指标，是区域农业生态系统演替变化的核心所在。研究区农业生态系统演替大体分为两个时段。

1949—1978 年传统农业生态系统时段，此时段农业生态系统结构即产业结构以农业尤其是种植业为主，单一性十分突出，在产值结构种，种植业一般占到 80%，用地结构和就业结构也呈现这种特点。

1978—2001 年向现代农业转变的系统演替时段。从 1978 年后农村经济体制改革以来，家庭承包责任制的实行推进了产业结构的演化，特别是

1984年后农村产业结构的发展，加快了黄淮海平原农业向现代化演替的进程，系统结构开始向复杂化方向发展，研究1984年后整个区域农业生态系统演进的过程和特点，找出带有普遍意义的规律，是本研究的重点。

黄淮海平原范围广大，地域间的自然资源条件、社会经济条件差异也甚显著，对这样一个广大的区域进行全面研究无疑不是一件易事，尤其是第一时段1949—1978年的研究，数据资料的难以收集。为此本研究采用根据文献资料综合分析方法，在原有地理分区的基础上，综合分析了区域各个部分自然、社会经济及环境现状，采用ISOTATA模糊聚类分析法，并考虑到行政区域的限制，进行分区，然后选取各个分区的综合状况（包括自然、社会、经济等）处于该分区中等状况的典型区进行对比分析，探讨系统演替基本规律；然后就整个黄淮海平原区农业生态系统进行分析，具体分析方法均采用在定性分析的基础上，用能值方法对系统加以定量化分析研究。

需要强调的是关于第一时段（1949—1978年）的研究，因黄淮海平原农业生态系统的发展是置身于整个中国计划经济背景下进行的，因计划经济的影响，该区域农业生态系统和整个中国的发展形式是一样的，表现出种植业为主，单一性十分突出，同时鉴于这一时段整个平原区资料收集的困难性，就以黑龙港区河北省曲周为例加以分析。

总之，生态系统演替不光是在时间序列上的替代过程，而且也是生态系统在空间上的动态演变（江洪，2003）。本研究采用能值分析方法（相关计算详见附录一）从时间（整个黄淮海平原的时间序列）和空间（聚类分析各个分区典型点的比较）两个角度揭示区域农业生态系统演变情况。

4.2.3 资料收集

收集河北省曲周县（1965—2003年）和黄淮海平原以县为单元（1984—2001年）农业投入和产出资料，资料主要来源是：《中国农业统计年鉴》《中国经济统计年鉴》，以及全国各分县农业统计资料。

4.2.4 农业生态经济分区

鉴于黄淮海平原面积较大，各个县市区自然、社会经济条件存在较大的差异，为了便于研究整个区域各个空间的发展情况，需要对平原区域进行农业生态经济分区。基于黄淮海地理分区的基础上，对黄淮海平原以县为单位，综合各县域2000年的自然环境、社会经济等方面资料，采用ISOTATA

模糊聚类分析法，以行政县（市、区）为单元进行聚类分析，划分七个一级分区，即山前平原区、黑龙港区、鲁西北区、鲁西南区、豫东南区、皖北区、江苏淮北区，在此基础上，进行二级分区。选择不同类型地区综合情况处于中等程度的点进行比较研究的方法，即山前平原满城县、黑龙港地区曲周县、鲁西北临邑县、鲁西南单县、豫东南杞县、淮北砀山县、江苏淮北区新沂市。结合材料的收集情况，重点分析黑龙港区曲周农业生态系统演替的基础上，再与2000年其他点农业生态系统能值分析相比较，以探讨区域农业生态系统空间演替情况。

4.3 典型区演替分析

由于生态系统演替研究多集中在森林、草地植被等方面（丁圣彦等，2003；辛晓平等，2000）而关于人工生态系统演替研究报道不多，后者已成为目前人类关注的热点之一（江洪等，2003）。农业生态系统是典型的人工生态系统，种植业系统是其中最重要最基本的组成部分，因此研究种植业系统的演替规律对指导农业生产实践具有重要的意义。先针对资料收集实际，在分析黑龙港区曲周农业生态系统演替情况基础上，再与其他分区代表点进行比较，以探讨黄淮海平原农业生态系统空间演替情况。

黑龙港区曲周农业生态系统演替

（1）种植业系统演替

曲周耕作农业已经有3000多年历史了，现自然植被群落早已被农作物所取代，目前该区域因其独特的自然资源与环境条件已演变为黄淮海平原一个典型农业发展模式。本研究特选该县为研究对象，以揭示两个研究时段内黄淮海平原种植业系统演替情况

曲周概况。河北省曲周县位于黄淮海平原黑龙港流域上游，东经$114°50'30''\sim115°13'30''$，北纬$36°34'45''\sim36°57'57''$。2002年耕地面积4.79万$hm^2$，占全县面积的71.81%。该县属暖温带半湿润大陆性季风气候，年均温度13.1℃，无霜期平均210d，多年平均降水量556.2mm，但分配不均，60%的降水集中于6—9月，由于地势平坦，易发生旱涝灾害，从而使该地区浅层地下水矿化度较大，地下水位较高，在气候因素影响下形成内陆冲积平原浅层咸水型盐渍化低产地区，历史上曾是有名的"老碱窝"，不利于农作物生长，经过多年治理，土壤质量得到改善，土壤类型以潮土为主，并有少量

盐土和褐土分布。成土母质为漳河、沙河的冲积物和黄河的洪冲积物。

研究方法如下：

土地利用结构分析。数据来源于曲周县土地局提供的1979—2000年土地利用数据，得到曲周1979—2000年土地利用动态变化空间数据库。

调查数据获取。农户调查取样均采用分层等距随机抽样方法，选择调查村是在农业生态分区的基础上进行分层，以随机等距方法进行抽取的。而调查农户是按随机原则在抽取的样本村内抽取的，调查中采用问卷访谈调查办法对户主进行调查。

种植业相关分析。数据以农户调查为基础，结合前人研究的成果以及近1965—2003年的曲周县统计年鉴和农业局提供的相关资料进行数理统计分析，其中作物品种涵盖曲周县所有种植作物。运用传统的能量分析法研究区域种植业系统投入、产出及效益演替情况。

结果分析：

区域自然环境演替。区域自然环境演替受益于盐碱地的水文条件改善，其演替是一部以"水盐运动理论"为指导的盐渍土综合治理发展史（李保国，2003）。中华人民共和国成立以来，特别是20世纪70年代以来，经过30年的综合治理，曲周盐渍化状况取得了明显的改善，其中重度、中度、轻度及非盐渍化面积由1984年的15.2%、10%、14.3%、60.5%分别变化到1999年的2%、4.4%、12.4%、81.2%；地下水的埋深由治理初期的1.5~3m降到1994年的3~5m；矿化度由3~10g/L降至3~5g/L；土壤质量得到全面提升，大面积土壤有机质、速效磷由1975年的0.6%~0.8%、2~5mg/kg升至1994年的1%~1.3%、9mg/kg（李保国等，2003），全氮有效氮总体上明显升高，土壤类型以潮土为主，并有少量盐土和褐土分布（张世熔等，2003）。土壤质量发生正向演替，从而改变植被生长环境，并使植被向农业植被方向演替。

植被演替。植被的演替是伴随着土壤质量演替而进行的。治理初期，在浅层咸水型盐渍化地区，由于地面径流排水不畅，形成了较高的地下水位和地下水矿化度，使盐分在蒸发作用下随水运动至地表，并不断积累而形成盐渍土，土壤质量低下，从而形成了以碱蓬、灰绿藜等为优势种的耐盐碱野生植被类型以及耐不同程度盐碱的农作物类型，如甜菜、向日葵、菠菜、高粱、棉花等；随着治理进行，地下水位降低，减小了地下水的矿化度，土壤类型向盐化潮土、潮土亚类、褐土化潮土、褐土演替，到2000年，以潮土、盐土和褐土为主的耕地面积分别占总耕地面积的97.0%、2.1%、0.9%（张世熔,2003)。土壤质量得到改善,逐步向适合以小麦、玉米、棉花和蔬菜为主多种农作物生长方向演替。相应的野生植被类型被以酸枣、荆条等为代表的天然次生林或旱中生植被代替,并且随着农业生产的发展,其只生长在路旁、地头和一些未利用的荒地上。

气候演替。区域丰富的光热资源以及集中的降水分布,形成有利于农作物生长的雨热同季气候资源,但不均匀降水气候也影响了部分农作物对水分的需求,气候资源中温度和降水比较容易波动的因素,尤其近年来随着东南季风和全球变暖影响,造成该区不稳定的气候条件,水分保障尤其是降水的波动对农业生产的影响很大。从图4.1看出,在1980—2000年,曲周气温有升高趋势,而降水有下降的趋势,因此土壤呈现干燥程度加重的趋势。

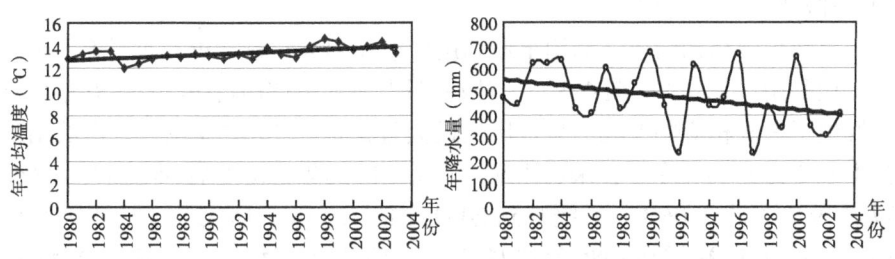

图4.1　曲周年平均温度、年降水量动态(1980—2003年)

水资源演替。用水方面。1980—2002年,区域年均总用水量10109万m^3,年总用水量为7134万~14434万m^3,呈先增后降趋势,以1980年最低,1992年最高,到2002年达到9374万m^3,其中农业用水主要是灌溉用水占总用水量的90.8%,比全国的高出20%~30%。供水方面。区域主要地表入境水——滏阳河,因近年上游工农业发展其来水量保证率很低,1980—2002年,地表水年均总供水量1927万m^3,占总供水量的18.9%,其年总供水量波动范围:975万~3000万m^3,也呈先增后降趋势,1992年最高,2002年最低,仅占总供水量的10.4%,因此地下水便是区域农业用水的主要来源,再加降水的波动性降低,更加剧了对地下水的利用压力。地下水的开采方面。随着区域农业的发展,地下水的开采加大,地下水水位下降也很明显。从曲周县水利局于1990—1999年对全县59眼浅井和28眼深井进行定点观测发现,深、浅井地下水埋深均呈明显的下降趋势,深井地下水平均埋深自1990年的30.5m下降到1999年的47.26m,浅井由6.1m下降到12.35m,下降速率分别为1.86m/a、0.69m/a。深、浅层地下水平均开采强度为$10.9×10^4 m^3/km^2$、$6.56×10^4 m^3/km^2$;开采系数为1.06、0.97,根据河北省地下水超采划分依据（李文体，2001），曲周县的深层地下水开采区为中度超采区，浅层地下水开采区则为基本平衡区。

种植业系统演替。种植业系统演替史基本是人类农业演替史，它经历了原始农业、传统农业以及区域农业的演替历程。这一历程始终贯穿着人类对系统的改造水平尤其是人工辅助能投入水平，即"依靠采集、游牧的劳力投入原始农业——通过精耕细作、轮作换茬和施用有机肥的生物辅助能投入的传统农业——倚重大量工业辅助能投入的区域农业"。种植业系统是农业生态系统中最基本的子系统，其组成与结构变化将影响系统功能水平，从而制约着农业生态系统的整体功能发挥。种植业系统是在一定的区域自然条件下人类进行有目的的农事操作过程中形成的，其演替集中体现在土地利用结构、种植结构等的演替中。

土地利用结构演替。利用土地利用详查和调查资料分析，曲周不同年代的土地利用（图4.2、图4.3），结构表明土地利用结构自20世纪70年代以来发生了一些相应的变化，耕地比例最大且稳定在75.60%左右，水域用地基本不变为5.97%左右；未利用地一直呈下降局势，由1979年的14.41%锐减到1986年的2.06%，后缓减到2000年的1.74%，居民及工矿用地则由1979年的0.72猛增到1986年的12.35%，后稍微波动到2000年的12.44%；牧草地萎缩，其他用地类型比例变化不大。由此看出，曲周土地利用类型主要是耕地，种植业用地为该区域土地利用的主要方式，从而也奠定了区域种植业系统形成的基础。

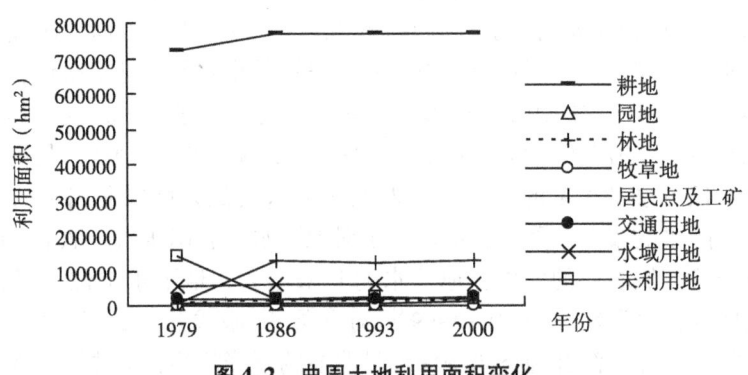

图4.2　曲周土地利用面积变化

种植业结构演替。曲周县种植业结构演替是伴随着种植业生产条件的提

4 黄淮海平原农业生态系统演替分析

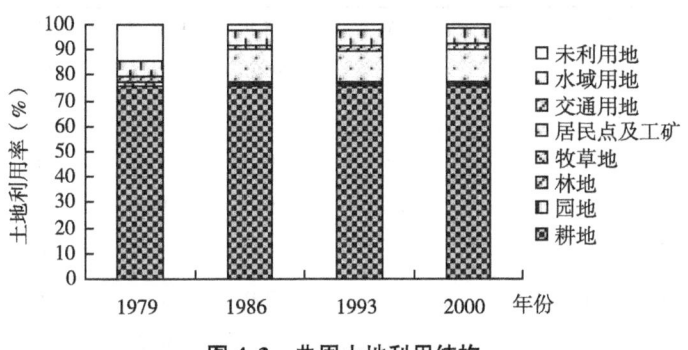

图 4.3 曲周土地利用结构

高而进行的（表 4.1、图 4.4），这种演替以粮食产量为主要目标，同时兼顾经济作物和蔬菜瓜类作物发展的定向调整过程。20 世纪 60 年代的曲周农业基本处于由传统农业向区域农业发展的过渡期，投能基本依靠生物辅助能的投入而工业辅助能投入很低。农田水利设施较差，化肥投入量较小（12.8kg/km^2），限制了农作物播种面积。1965 年种植业结构中粮食类、经济类和其他类作物比例分别为：87%、10%、3%，即以小麦、谷子、薯类、大豆等粮食作物为主，同时兼有以棉花为主的经济类作物和其他类作物的种植；20 世纪 70 年代中期，曲周县水利设施改善，灌溉面积迅速扩大，施肥量提高到 74312.8 kg/km^2，其他种类粮食和经济作物种植面积减少而以小麦、玉米为主并兼有棉花、油料作物的种植业结构模式基本形成，尤其自 20 世纪 70 年代后期，盐碱地综合治理，井灌的发展和农机的推广极大地促进了农田水利化和机械化的发展，在继续保持粮棉种植结构上，其他类作物中蔬菜作物的种植得到重视。20 世纪 80 年代中后期家庭联产承包责任制的实行，进一步激发了农民的生产积极性，化肥农药投入加大，机耕、机收、机播面积扩大，优良品种的更新加快，促进了系统生产力水平迅速提高，在继续保持小麦、玉米稳定增产的同时，以棉花为主的经济类和以蔬菜为主的其他类作物增加迅速，到 2003 年粮食类、经济类和其他类比例分别为：69%、20%、11%，逐步形成了粮食作物以小麦、玉米为主，经济作物以棉花、油料为主，其他类作物以蔬菜瓜类为主的种植结构。

表 4.1 曲周种植业生产条件演替情况

	项目	1965 年	1975 年	1985 年	1995 年	2003 年
	总耕地面积（hm²）	51033	48040	47985	47863	47782
水利化	水田面积（hm²）	0	0	0	0	0
	占耕地面积比例（%）	0	0	0	0	0
	旱地（hm²）	43820	27260	21985	14316	7862
	占耕地面积比例（%）	85.9	56.7	45.8	29.9	16.5
	有效灌溉面积（hm²）	7213	28780	26000	33547	39920
	占耕地面积比例（%）	14.4	43.3	54.2	70.1	83.5
	旱涝保收面积（hm²）	2633	8053	15467	27204	29300
	占耕地面积比例（%）	5.2	16.8	32.2	56.8	61.3
机械化	农机总动力（kW）	2205	40425	112620	348010	747679
	单位耕地农机总动力（kW/hm²）	0.04	0.84	2.35	7.27	15.6
	机耕面积（hm²）	25517	31226	35989	40684	47782
	占耕地面积比例（%）	50	65	75	85	100
化学化	化肥总量（t）	1079	3572	8417	21402	40645
	单位耕地化肥用量（kg/hm²）	21.1	74.4	175.4	447.2	850.6
	农药总量（t）	0	0	0.296	591	794
	单位耕地农药用量（kg/hm²）	0	0	0.01	12.37	16.59
	农膜用量（t）	0	0	0	303	720
	单位耕地农膜用量（kg/hm²）	0	0	0	6.3	15.1
电气化	农业用电量（×10³kW·h）	108	826	1383	3974	9126
	单位耕地用电量[（kW·h）/hm²]	21.2	171.9	288.2	830.3	1909.9

种植业系统演替效应：

系统生产力提高。根据曲周统计数据分析，伴随一系列生产条件的改善和种植业结构的演替，区域种植业系统功能效益得到了一定的发挥，系统生产力呈增长趋势，农作物的总产和单产都得到了大幅度提高。粮食总产量 2003 年比 1980 年增长 207.3%，比 1990 年增长 44.9%；其中小麦年产量从中华人民共和国成立初期到 1997 年呈持续增长趋势，产量达 20.1 万 t 后至

4 黄淮海平原农业生态系统演替分析

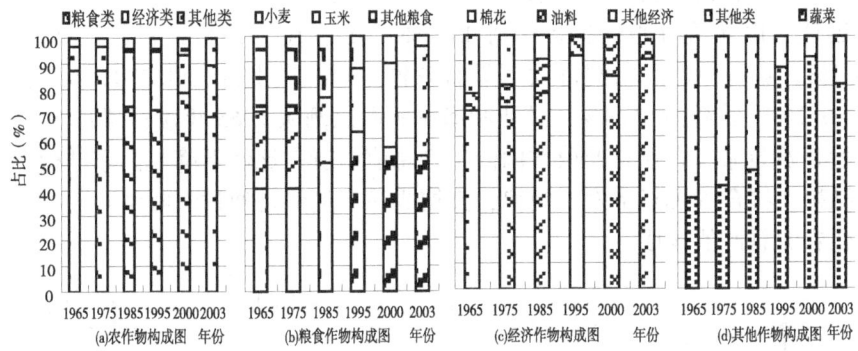

图 4.4 曲周种植业结构

今稳定在 17 万 t 左右。玉米的年产量也呈持续增长趋势，棉花年产量的高峰出现在 1988 年和 1991 年，约为 1.3 万 t，随后稳定在 5400~10000t 波动，油料年产量基本是稳定增长的态势。另外，从主要作物单产变化（图 4.5）可看出，四大作物单产都呈增长趋势，小麦单产从 1971 年的 777 kg/hm^2 增至 1997 年的 5790 kg/hm^2，为 1971 年的 7.45 倍，且自 20 世纪 80 年代后增长趋势稳定，玉米单产自 70 年代不断增长，最低 1973 年 510 kg/hm^2，最高为 1998 年的 5880 kg/hm^2，提高 11.5 倍。棉花和油料产量也有很大程度的提高。以上分析表明，自 1971 年以来大规模水利设施建设和盐碱地治理所取得的成就以及农户投入农药、化肥的增加使系统生产力逐步提高。

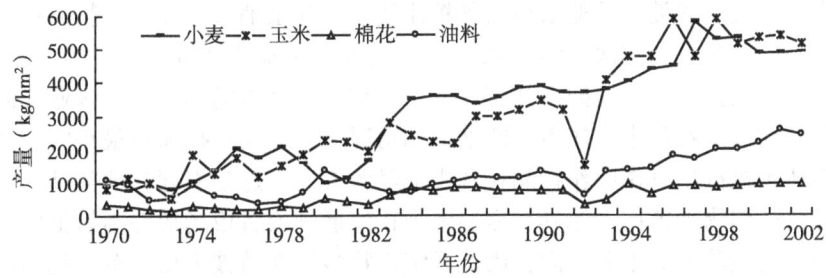

图 4.5 曲周主要作物单产变化

农业总产值比例下降，其构成比例变化明显。图 4.6 显示农业总产值在国内生产总值的比例变化以及其构成比例即农林牧渔及其他农业产值占农业总产值比例的演替情况。在 1965—2003 年，农业总产值占国内生产总值的比例呈下降趋势，由 1965 年的 76.3% 下降到 2003 年的 37.2%；其构成中，在1995年前种植业虽占比例最大却呈下降趋势，畜牧业所占比例虽小却增加迅速，以至在1995年上升到45.7%，几乎赶上种植业的所占比例的46.1%，随后种植业比例持续下降而畜牧业则继续上升，到2003年，前者为36.2%，后者为56.4%；林业和渔业所占比例从1965年缓慢增加至1975年后开始萎缩。农业总产值在国内生产总值中所占比例下降是国家结构调整的结果，符合国民经济发展规律，其构成演变趋势是通过农牧结合，有利于优化农业总产值构成。

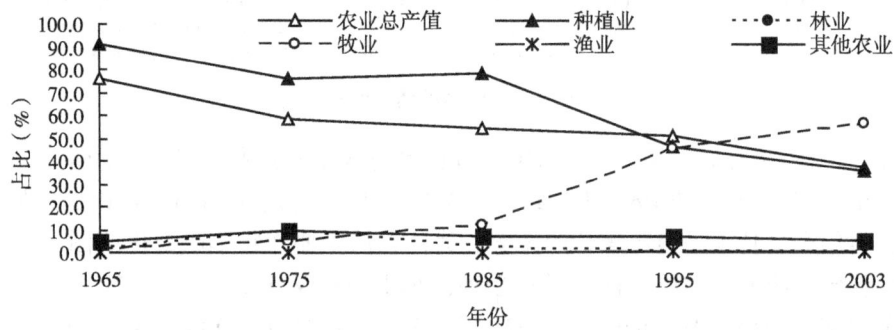

图4.6 曲周农业总产值变化

系统多样性植被降低，单一化趋势明显。从图4.4可看出，粮食作物和蔬菜类作物一直呈增加的趋势，经济作物在增加中有所波动，其他类作物呈下降趋势。粮食类作物播种面积所占比例以小麦、玉米为主，其次为谷子、豆类、高粱、薯类等其他杂粮类种植比例下降甚至消失。经济作物播种面积中，以棉花为主，其次是油料和花生，其他经济类作物呈萎缩和消失的趋势。通过调查，对土地拥有使用权的农民在农产品市场不景气、农业气候条件易波动以及农业生产成本不断增加的情况下，往往选择风险最小的、节约人力适于机械化耕作的作物品种和土地经营方式。这是引起其他类型的粮食和经济类作物种植比例尤其是需要人力耕作播种或者市场形势不易把握的作物减少甚至消失的主要原因，因此系统作物多样性植被降低，单一化趋势明显，系统的稳定性下降（孙武等，2000）。

工业辅助能投入增加，系统能效降低。以曲周县1965年、1975年、1985年、1995年、2003年的统计和调查数据为基础，对该县的能流进行了分析，计算结果如表4.2所示。曲周种植业系统的投入产出能表现为以下特点。

在1965—2003年，系统投能基本呈增加趋势；除1975年可能由于化肥投入的增加使生物辅助能投入略有减少外，工业辅助能投入和生物辅助能投入一直增加，两者相比前者增加的幅度最大，其中工业辅助能投入增加的幅度最大在1985—1995年，为160%，生物辅助能投入增加幅度最大在1975—1985年，为130%；同时在总投能的比例中，工业辅助能增大而生物辅助能减小，其中前者由1965年的9.0%增加到2003年的45.5%，而后者则由1965年的91.0%降低到2003年的68.7%。

在1965—1985年，在工业辅助能投入中，农药、地膜的投入为空白，燃料的投入经历了从无到有的过程；农机、化肥投入增加速度很快，分别为1965年的45.7倍、7.9倍，用电投入在1975年稍有降低后，在1985年达$2.83×10^9$J/hm²，为1965年的1.5倍；在生物辅助能投入中，增加速度最快的种子投能，其次秸秆还田投入的生物辅助能，厩肥、畜力、劳力等投入能逐渐减少。

表4.2 曲周种植业系统能流分析表　　单位：$×10^9$J/hm²

投入结构	项目	1965年 能量	1965年 占比(%)	1975年 能量	1975年 占比(%)	1985年 能量	1985年 占比(%)	1995年 能量	1995年 占比(%)	2003年 能量	2003年 占比(%)
	化肥	0.55	22.63	1.87	78.57	4.33	47.53	10.44	44.01	20.67	40.81
	农药	0	0	0	0	0	0	0.82	3.46	1.06	2.09
	地膜	0	0	0	0	0	0	0.21	0.89	0.51	1.01
	用电	1.85	76.13	1.45	60.92	2.83	31.06	6.5	27.4	15.55	30.70
	农机	0.03	1.24	0.50	21.01	1.37	15.04	4.03	16.99	9.02	17.81
	燃油	0	0	0.01	0.42	0.58	6.37	1.72	7.25	3.84	7.58
	工业辅助能合计	2.43	100	3.83	100	9.11	100	23.72	100	50.65	100
	畜力	0.80	3.25	0.72	3.0	0.61	1.17	0.09	0.1	0	0
	劳力	8.34	33.90	6.78	29.82	4.21	8.05	2.41	3.67	1.88	1.69
	种子	0.24	0.98	0.42	1.85	5.27	10.08	1.94	2.96	1.5	1.35
	厩肥	13.04	53.01	12.01	52.81	12.18	23.31	16.03	24.44	19.01	17.08
	秸秆	2.18	8.86	2.81	12.36	30.00	57.39	45.12	68.79	88.89	79.88
	生物辅助能合计	24.60	100	22.74	100	52.27	100	65.59	100	111.28	100
	总投能	27.03		26.57		61.38		89.31		161.93	
	有机肥/化肥	27.67		7.93		9.75		5.86		5.22	

(续表)

	项目	1965年		1975年		1985年		1995年		2003年	
		能量	占比(%)	能量	占比(%)	能量	占比(%)	能量	占比(%)	能量	占比(%)
产出结构	农产品产出	10.53	44.6	17.50	55.5	114.2	47.4	175.8	50.4	205.8	50.4
	饲草秸秆	13.11	55.4	14.06	44.6	126.6	52.6	172.9	49.6	202.8	49.6
	产出能合计	23.64	100	31.56	100	240.8	100	348.7	100	408.6	100
产投结构	产出能/投入能	0.87		1.19		3.92		3.90		2.52	
	农产品/总投能	0.39		0.66		1.86		1.97		1.27	

在1985—2003年，各工业辅助能投入都呈增加趋势，燃油、农机、化肥、用电增加的幅度呈减少的趋势；地膜和农药投能在1995年开始出现，并以很快的速度增加；生物辅助能投入中，增加幅度最大的是秸秆还田，在1995年和2003年分别达68.79%和79.88%。其次为厩肥，分别为：24.44%、17.08%。畜力、劳力、种子等生物辅助能投入逐渐减少。

在研究时段内，种植业系统的能效（即"产出能/投入能"）在1965—1975年增加迅速，在1985—1995年基本维持不变，在1995—2003年已减小，呈现"增加—停滞—减少"趋势。农产品/总投能也是先增后减，能量的经济转化率降低。

系统呈现人为性R-策略者时空效应，抗逆性差。R-策略者（R-strategistis）是MacArthur提出的一种物种繁殖策略，有利于增大内禀增长率，是靠机会存活的新生境开拓者，缺乏竞争性，其生物体的个体和生命周期短，食物链缩短，物质交换路径冗余，能量流向较高营养级的路径较少，有利于营养物质的积累（Odum，1985）。区域种植业系统既是借用这种物种繁殖策略，通过省时、省力、及时播种和收获的机械化耕种，协调系统向提高农产品产量的方向运行，但这种带有人为性的R-策略者时空效应，缺乏生物多样性竞争机制，可持续性、抗逆性不强，系统稳定性差，需要化肥、农药、农膜等化学能加以调控。同时这种机械化耕种虽然因省时、省力，而且不误农事而优于传统种植业系统，但其只适于片状性耕作，不利于传统种植业的间作、套种等耕作方式的发挥，因而比传统种植业系统抗逆性差。这种在人工控制下为获得一定效益而进行的R-策略者行为，已远远脱离了通过自然选择进行的生态系统演替方式而呈现人为性的时空演替效应，但这种方式只是暂时的，从长远来看，是不可持续的，必须借用自然生态系统演替的长处来弥补系统发展的不足。

区域缺水严重，土壤环境潜伏生态隐患。曲周县属于黄淮海平原盐渍化区域的一部分，曾为内陆冲积平原浅层咸水型盐渍化地区，土地盐碱化至少有 2000 年的历史。中华人民共和国成立前，因小农经济的限制以及缺乏科学治理知识，盐碱的存在严重制约了当地生产的发展。中华人民共和国成立以来，国家将该区列为盐碱土重点治理区，经历了两个阶段的治理，盐碱化程度得到有效控制，整个农业系统抵御自然灾害的能力加强。土壤质量得到明显改善，有机质平均含量 1.02%左右，同时伴随着一系列种植业条件的改善，农业生产稳步增长（张世熔等，2003；乔玉辉等，2003）。但是随着农作物种植面积的扩大，系统发展也潜伏着生态隐患：一是因种植业发展对水分的过度利用和开采使地下水比以前降低，致使该地区水分短缺，已成为影响区域农业发展的重要限制因子（奇伟等，2001；温金详等，1995），地下水过度开采，导致地下水逐年下降。地下水超采的直接代价是耗能增加。二是因工业辅助能投入的加大，尤其不平衡施肥，偏重施用氮肥造成极少数地下水硝酸盐超标以及污水灌溉造成局部重金属污染，同时农药和地膜的使用量加大造成新的污染，这些问题虽然都是局部的且都在生态可以接受的范围（奇伟，2001），但如果不加以重视，势必危及土壤生态环境的可持续性。

研究可知：

随着盐碱地治理的成功，区域自然环境处于良性演替，但气温升高降水减少的趋势再加很低的地表水保证率加重了对地下水利用的压力。

区域种植业系统演替特点，演替通过结构变化而具体体现在土地利用结构、种植结构等的演替中。前者主要表现为种植业用地占有相当大的比例而牧业用地萎缩；后者表现为逐步形成以小麦、玉米为主的粮食作物、以棉花和油料为主的经济作物、以蔬菜瓜类为主的其他作物的结构。

曲周种植业系统演替呈现正负效应，正效应表现为：系统生产力提高，农作物播种面积、复种指数、单产和总产大幅度增加；农业总产值在国内生产总值的比例大大降低，其构成中比例变化最明显的是种植业下降和畜牧业上升，是国家结构调整的结果，有利于优化农业总产值构成。负效应表现为：一是其他粮食和经济类作物尤其是需要人力种植的作物或者市场形势不易把握的作物减少甚至消失，农作物多样性减少，单一化趋势明显，稳定性降低；二是随着工业辅助能投入的增加，系统能效演替趋势为"增加—停滞—下降"。三是系统呈现人为性 R-策略者时空效应，抗逆性差。四是土壤环境潜伏着影响可持续发展的生态隐患，如因耗水作物的大量种植造成地下水过分开采，致使区域水分短缺，地下水迅速下降，耗电增加以及由化肥、农药、农膜、污灌等引起的污染等。

讨论：

作为农业县，农业用水是区域用水大户。从区域水资源综合利用来看，地下水开采在可接受范围之内，但从长远来看，亟待加强对区域水资源的科学管理，实行依法管理，建立水价约束机制，推广各种节水措施，在充分用好降水和地表水的基础上，合理开采地下水，以保证农业可持续演替的水资源供应。

从农业总产值构成优化来看，在人均耕地面积为 0.118hm² 的曲周，面临着既要解决粮食安全，又要承担农民增收的巨大压力，这种在粮食需求过大致使牧业用地萎缩甚至消失的情况下，通过种植业资源优先满足人口生存需要的基础上再去发展畜牧业的特点，不失为农业资源在广度和深度开发利用的一种方式，也说明了农产品缺乏市场竞争力，但从长远来看应视为资源的浪费，不利于区域的可持续发展，应优化农产品品种，提倡牧草作物的种植，同时从农业总产值及其构成变化看不出区域资源环境的变化，应该建立能衡量区域资源环境价值变化的新型 GDP 体系。

定位数量与质量并重的农业发展目标，是保持我国农业持续、稳定、协调发展的前提条件（余定诚，1999），因此，建议采取以下措施以利于种植业系统的正向演替：种植业结构调整应立足于主要农产品的质量、结构上下功夫，通过提高农产品质量来提升市场竞争力，从而增加农民收入，加强系统结构多样性调整。考虑到作物多样性降低主要表现在依靠人力种植的作物方面，建议应加强其机械种植研究，同时为了减轻粮食作物牧用的压力，在土地利用结构调整中，加大其他用地比例尤其是牧业用地的比例，提倡作物多样化种植的结构调整，选择耐旱型的可替代粮食作物品种；建立能衡量资源环境价值的绿色 GDP 体系；改善投能结构，加强生物防治和污水处理，将自然生态系统演替的长处以及传统农业的精华融入区域种植业系统中。

分析系统结构的演替揭示了种植业系统演替特点并采用能量分析方法进行系统定量化研究，虽然反映了人工辅助能的投入情况和系统能效问题，但未能定量化揭示资源环境变化情况，也凸显了能量分析方法的不足，只能对系统内流动和储存的同类物质和能量进行比较，而对不同类别物质和能量却不能转换为同一标准加以分析，考虑到能值分析方法为能量分析方法的发展，故在以后的系统分析中采用能值分析方法进一步分析。

(2) 农业生态系统演替

曲周农业生态系统能值分析如下。

利用曲周地区1985年、1995年、2003年的《曲周县国民经济统计资料》，并结合实际调查获得原始数据，按照能值理论的分析步骤和有关概念（蓝盛芳，2002）对曲周农业生态系统的投入和产出情况进行分析，其具体计算结果见表4.3与表4.4，相关符号表示见表4.5。

曲周农业生态系统能值投入分析。从1985—2003年（表4.3），曲周地区的年总能值使用量基本上呈不断增加的趋势，2003年比1985年增加112.2%，比1995年增加92.4%。从能值投入的组成来看，化石能（电能、机械能和化肥农药等）增加较多，其在年总投能比例由1985年的35.0%增加到2003年的79.4%，而有机辅助能逐渐减少，主要表现在人力和畜力的减少上，反映了其被机械投能替代的特点，说明曲周地区农业生产中的投入以农业系统以外的投入为主；环境资源投能在总投能中虽所占比例不大且逐渐降低，但在系统中的投入绝对数也在增加，其中可更新资源投能2003年比1985年增加54.1%，比1995年增加50.4%，主要表现在对水资源的利用上，1995年同1985年基本变化不大，而后开始增加，到2003年为1995年的1.49倍，同时可更新有机能的投入在可更新能值投入中占有很大比例但呈现出不断下降的趋势，表明区域农业发展对可更新环境资源尤其对水的依赖程度加强，同时不可更新资源投能即土壤侵蚀能也在增加，1985年为271.66×10^{16} sej，2003年为464.54×10^{16} sej，增加幅度达71.0%，其主要表现为林地、牧草地等绿色植被面积相对减少，不利于土壤生态环境的保护。以上分析表明，曲周农业现代化水平逐步加强，但资源环境可持续能力降低。

表4.3 曲周农业生态系统能值投入

项目	能值转换率（sej/J 或 sej/g）	1985年		1995年		2003年	
		原始数据（J）	能值（$\times 10^{16}$ sej）	原始数据（J）	能值（$\times 10^{16}$ sej）	原始数据（J）	能值（$\times 10^{16}$ sej）
太阳光	1	3.25×10^{18}	324.69	2.74×10^{18}	274.12	2.74×10^{18}	274.37
雨水势能	8888	9.96×10^{13}	88.55	9.47×10^{13}	84.17	1.58×10^{14}	140.47
雨水化学能	15444	1.39×10^{15}	2154.41	1.46×10^{15}	2247.85	2.21×10^{15}	3417.73
水资源	10488	1.78×10^{15}	1870.55	1.79×10^{15}	1876.66	2.66×10^{15}	2786.26
可更新资源		3.18×10^{15}	4024.96	3.24×10^{15}	4124.50	4.87×10^{15}	6203.99

(续表)

项目	能值转换率（sej/J 或 sej/g）	1985年 原始数据（J）	1985年 能值（×10^{16}sej）	1995年 原始数据（J）	1995年 能值（×10^{16}sej）	2003年 原始数据（J）	2003年 能值（×10^{16}sej）
表土层损失	62500	4.35×10^{13}	271.66	6.64×10^{13}	415.13	7.43×10^{13}	464.54
不可更新资源		4.35×10^{13}	271.66	6.64×10^{13}	415.13	7.43×10^{13}	464.54
氮肥*	4.62×10^9	4.92×10^9	2273.96	6.56×10^9	3028.87	2.12×10^{10}	9804.17
磷肥*	1.78×10^{10}	2.45×10^9	4361.00	2.85×10^9	5066.30	9.76×10^9	17367.49
钾肥*	2.96×10^9	1.50×10^7	4.44	4.04×10^7	11.95	4.69×10^8	138.69
复合肥*	2.80×10^9	1.03×10^9	288.40	1.70×10^9	477.14	4.50×10^9	1259.51
农药*	1.62×10^9	2.96×10^5	0.05	7.94×10^8	128.63	5.91×10^8	95.74
农业机械	7.50×10^7	3.96×10^{10}	297.36	3.02×10^{11}	2263.17	3.46×10^{11}	2597.33
农膜	66000	0	0	3.03×10^8	0.002	7.20×10^8	0.0048
电力	159000	1.73×10^{14}	2748.71	4.97×10^{14}	7898.33	1.03×10^{15}	16437.93
燃油	66000	2.12×10^{13}	139.80	6.55×10^{13}	432.00	1.41×10^{14}	928.12
工业辅助能		1.94×10^{14}	10113.72	5.63×10^{14}	19306.38	1.17×10^{15}	48628.99
有机肥*	27000	2.16×10^{11}	0.58	3.29×10^{11}	0.89	5.53×10^{11}	1.49
种子	66000	3.82×10^{14}	2522.84	1.48×10^{14}	978.74	1.10×10^{14}	726.22
人力	380000	3.05×10^{14}	11603.83	1.84×10^{14}	7000.38	1.38×10^{14}	5240.55
畜力	146000	2.32×10^{13}	338.87	7.64×10^{11}	11.16	0	0
可更新有机能		7.11×10^{14}	14466.13	3.34×10^{14}	7991.16	2.48×10^{14}	5968.27

注：标*项目原始数据单位为g。下表同。

曲周农业生态系统能值产出分析。曲周地区的年总产出能值在研究时段内也呈增加趋势（表4.5），2003年为1053.76×10^{18}sej，比1985年增加143.4%，比1995年增加95.5%。能值产出的组成来看，种植业和林业的产出能值表现为先降后升，牧业和渔业的产出能值一直增加，这和其产值变化情况一致，同时产出能值绝对数比较大的是种植业和牧业，但从增加的速度在来看，是渔业和林业。产出能值构成中，种植业比例下降而牧业比例上升，其他虽增加，但变化不大，充分体现了曲周农业发展在以种植业占相对优势的情况下转为农牧结合同时兼顾渔业和林业的结构型特点，这和国家农业结构调整的方向是一致的；同时种植业由以小麦、玉米、棉花为主并兼有其他杂粮、油料、蔬菜瓜类的多样性能值结构逐步演替为以小麦、玉米、棉花为主并且蔬菜瓜类也有相对发展的能值结构，牧业由多样性投能结构逐步演替为以猪肉与蛋类为主的能值结构，系统多样性大大降低，不利于系统的稳定性（骆世明，2001）。从能值角度计算的产投比表明，曲周地区产出效率从1985—1995年增加较快，后到增加缓慢，反映了曲周地区资源利用率降低，农业生产效率有待于提高。

表4.4 曲周农业生态系统能值产出

项目	能值转换率（sej/J 或 sej/g）	1985年 原始数据（J）	能值（×10^{16}sej）	1995年 原始数据（J）	能值（×10^{16}sej）	2003年 原始数据（J）	能值（×10^{16}sej）
小麦	6.80×10^4	1.76×10^{15}	1199.86	1.53×10^{15}	1037.47	2.93×10^{15}	1989.36
玉米	2.70×10^4	9.42×10^{13}	25.43	1.84×10^{14}	49.79	6.47×10^{14}	174.79
谷子	8.30×10^4	2.21×10^{13}	18.35	2.41×10^{13}	20.04	1.98×10^{13}	16.46
高粱	8.30×10^4	3.15×10^{12}	2.61	8.60×10^{11}	0.71	1.76×10^{12}	1.46
豆类	8.30×10^4	7.00×10^{12}	5.81	4.86×10^{13}	40.37	9.07×10^{12}	7.53
薯类	8.30×10^4	3.97×10^{12}	3.30	2.70×10^{12}	2.24	3.14×10^{12}	2.61
花生	6.90×10^4	4.76×10^{14}	328.78	5.39×10^{12}	3.72	2.70×10^{13}	18.65
油菜	6.90×10^4	4.78×10^{13}	32.96	1.08×10^{12}	0.75	5.16×10^{11}	0.36
芝麻	6.90×10^4	4.79×10^{14}	330.23	1.60×10^{12}	1.11	1.53×10^{11}	0.11
棉花	8.60×10^4	9.83×10^{13}	845.24	1.29×10^{14}	1111.45	2.51×10^{14}	2156.05
蔬菜	2.70×10^4	1.65×10^{13}	4.46	5.19×10^{13}	14.00	2.58×10^{14}	69.60
瓜类	5.30×10^4	1.82×10^{12}	9.62	2.21×10^{12}	11.69	1.80×10^{12}	9.56
水果类	5.30×10^4	9.90×10^{11}	5.24	4.39×10^{12}	23.24	1.40×10^{13}	74.23
农副产品	6.80×10^4	2.76×10^{14}	187.76	4.07×10^{14}	277.09	6.66×10^{14}	452.65
种植业		3.29×10^{15}	2999.66	2.39×10^{15}	2593.67	4.82×10^{15}	4973.39
林产品	4.40×10^4	2.39×10^{10}	0.01	1.56×10^{10}	0.01	1.87×10^{13}	8.22
林业		2.39×10^{10}	0.01	1.56×10^{10}	0.01	1.87×10^{13}	8.22
猪肉	1.70×10^4	2.42×10^{11}	4.12	4.65×10^{13}	790.66	8.15×10^{13}	1384.87
牛肉	4.00×10^4	3.50×10^{11}	14.01	9.57×10^{12}	38.28	1.85×10^8	0.01
羊肉	2.00×10^4	2.37×10^{12}	47.47	4.67×10^{12}	93.45	1.05×10^8	0.002
其他肉类	1.70×10^4	3.29×10^{15}	57.08	2.95×10^{12}	50.14	2.44×10^8	0.004

(续表)

项目	能值转换率（sej/J 或 sej/g）	1985年 原始数据（J）	能值（×10¹⁶sej）	1995年 原始数据（J）	能值（×10¹⁶sej）	2003年 原始数据（J）	能值（×10¹⁶sej）
蛋类	1.71×10^4	5.07×10^{13}	866.69	6.46×10^{13}	1104.03	2.38×10^{14}	4072.45
奶类	1.71×10^4	1.13×10^9	0.02	4.13×10^{10}	0.71	7.24×10^{11}	12.38
羊毛	4.40×10^4	1.45×10^{11}	6.36	3.95×10^{11}	17.38	1.57×10^{12}	69.27
蜂蜜	1.71×10^4	4.69×10^{10}	0.80	9.30×10^9	0.16	2.84×10^{10}	0.49
畜副产品	1.70×10^4	1.95×10^{13}	332.18	4.11×10^{13}	698.27	5.47×10^8	0.01
牧业		3.36×10^{15}	1328.73	1.61×10^{14}	2793.07	3.22×10^{14}	5539.49
水产品	2.00×10^4	6.23×10^9	0.12	1.99×10^{11}	3.97	8.26×10^{11}	16.51
渔业		6.23×10^9	0.12	1.99×10^{11}	3.97	8.26×10^{11}	16.51

曲周农业生态系统主要能值指标分析。通过能值分析得出的一系列能值指标是衡量系统运行状况的工具，现对曲周农业生态系统进行评价，其具体能值指标见表4.5、表4.6。

在曲周环境资源比率、有机辅助能比率、工业辅助能比率与有机辅助能比率方面，曲周环境资源比率和有机辅助能比率趋于减少，且有机辅助能比率减少的最为明显；工业辅助能比率与购买能值比率趋于增加，且工业辅助能比率增加的幅度较大，这表明曲周农业投入对自然资源和有机能的利用相对减弱，对不可更新的工业辅助能的依赖程度加强，投入大量的工业辅助能以提高系统的生产力，这是现代农业发展中最明显的特点，说明曲周农业现代化水平正在提高，系统生产力得到极大的提高，但也潜伏着生态环境隐患（奇伟，2001），增加秸秆还田和有机肥的投入已是势在必行。

在曲周能值密度、人均可利用能值量方面，曲周能值密度呈增加趋势，1985年为$6.46 \times 10^{11} sej/m^2$，到2003年为$1.862 \times 10^{12} sej/m^2$，均高于全国平均水平$1.32 \times 10^{11} sej/m^2$（陈阜，2001），表明曲周农业发展利用强度较大，运行情况居全国较好水平。人均可利用能值量反映了人们的生活水平，曲周地区的人均可利用能值量呈先降后增的趋势，这表明曲周地区的农业生态经济系统能值投入开始趋于增加，有利于区域农业经济的发展。

在净能值产出率方面，净能值产出率反映了系统在获得经济输入能值能力，较高的净能值产出率获得经济发展的机会和数额相对较高，这在一定程度上反映了系统的工业化程度和持续性发展状况。曲周地区的净能值产出率由 1985 年的 1.761 增加到 1995 年的 1.975，后略有降低，到 2003 年为 1.930，均高于全国农业平均净能值产出率 1.42，说明农业系统运转效率较高但开始降低，由此来看，曲周地区农业生态系统从 1985 年到 1995 年获得经济投入能值的竞争能力趋于增强，但在 1995 年后有所减弱，应该提高区域农业生态经济系统的净能值产出率以增强其获得外界投资的能力。

表 4.5 曲周农业生态系统能值投入产出结构

单位：$\times 10^{18}$ sej；$\times 10^8$ h

	项目	表达式	1985 年	1995 年	2003 年
能值投入	可更新资源	E_{mR}	40.25	41.25	62.04
	不可更新资源	E_{mN}	2.72	4.15	4.65
	环境资源总投入	$E_{mI} = E_{mR} + E_{mN}$	42.97	45.40	66.69
	不可更新工业辅助能	E_{mF}	101.14	193.06	486.29
	可更新有机能	E_{mR1}	144.66	79.91	59.68
	总辅助能投入	$E_{mU} = E_{mF} + E_{mR1}$	245.80	272.98	545.97
	总能值投入	$E_{mT} = E_{mI} + E_{mU}$	288.76	318.37	612.66
能值产出	种植业	E_{mY1}	299.97	259.37	497.34
	林业	E_{mY2}	0.0010	0.0007	0.8216
	畜牧业	E_{mY3}	132.87	279.31	553.95
	渔业	E_{mY4}	0.01	0.40	1.65
	总能值产出	$E_{mY} = E_{mY1} + E_{mY2} + E_{mY3} + E_{mY4}$	432.85	539.07	1053.76
	劳动时间	t	2.93	2.48	1.95

在环境负荷力方面，环境负荷力是指人工辅助能加上不可更新资源能值与可更新环境资源能值的比率。曲周农业生态系统的环境负荷力呈增加趋势，到 2003 年达 8.875，比 1985 增加 53.4%，低于意大利（1989 年为 10.43）和日本（1990 年为 14.49）（蓝盛芳，2001），说明曲周农业发展远未达到高投入高产出状态，仍有较大的发展潜力，但环境压力在加大，系统对自然可更新环境资源的利用率也在提高，应该在提高系统经济效益的同时注意保护环境，提高生态效益。

在系统可持续发展性能指标方面,系统可持续发展指标在降低,但均高于1998年全国农业系统可持续发展性能指标0.30(蓝盛芳,2002),说明曲周农业虽然具有较强的可持续发展能力和较大的发展潜力,但可持续发展能力在降低,应注意农业发展的可持续性。

表4.6 曲周农业生态系统能值指标体系

能值评价指标	表达式	1985年	1995年	2003年
环境资源比率	E_{mI}/E_{mT}	0.149	0.143	0.109
工业辅助能比率	E_{mF}/E_{mT}	0.350	0.606	0.794
有机辅助能比率	E_{mR1}/E_{mT}	0.501	0.251	0.097
购买能值比率	E_{mU}/E_{mT}	0.851	0.857	0.891
净能值产出率	E_{mY}/E_{mU}	1.761	1.975	1.930
环境负荷力	$(E_{mU}+E_{mN})/E_{mR}$	5.784	6.719	8.875
能值密度($\times 10^{12}$sej/m²)	E_{mT}/m^2	0.646	0.954	1.862
人均可用能值($\times 10^{15}$sej/人)	$E_{mT}/$人	0.957	0.887	1.930
可持续发展性能指标	EYR×EER/ELR	4.706	1.825	0.848
系统优势度	$\sum(E_{Yi}/E_Y)^2$	0.574	0.500	0.499
系统稳定度	$-\sum[(E_{Yi}/E_Y)$	0.617	0.698	0.708
能值劳动生产率($\times 10^{12}$sej/h)	$LN(E_{Yi}/E_Y)]E_{mY}/t$	1.478	2.176	5.405

曲周农业生态系统特有指标分析如下。

在系统生产优势度方面,农业生态系统的系统优势度反映结构总体的生产单元均衡性(表4.6,下同),曲周农业生态系统优势均高于广东省三水市区0.442(1998年)(蓝盛芳,2002),但呈下降趋势,主要表现为林业和渔业的子系统能值产出少,占系统能值总产出的比例太低,从1985年以来两者虽然都有所增加,但增加的不多,其中渔业相对增加的较多,在2003年比例仅为0.16%,而林业更少为0.08%。为了提高系统的生产优势度,应大力发展林业和渔业的发展。

在系统稳定性系数方面,系统稳定性指数表示系统生产稳定性的大小,系统稳定性指数高,则说明农业系统的物质流、能量流连接网络发达,系统自控、调节、反馈作用强,有更大的自稳定性。曲周农业生态系统稳定性指数从1985年呈增加趋势,同广东省三水市农业生态系统稳定性系数0.918(1998年)(蓝盛芳,2002)相比,曲周农业生态系统稳定性系数指数不高，区域农业生态系统连接网络不佳，系统的自控、调节、反馈作用弱，但系统的稳定性指数的增加有利于加强系统网络连接，这也是农业结构调整的结果，应该继续加强系统结构调整，以增强其稳定性。

在能值-劳动生产率方面，其以太阳能值来表示劳动成果，等于系统的能值产出除以投入系统的劳动时间，传统劳动生产率相比，用其表示更能体现凝结在其中的包含资源环境价值在内的全部价值。曲周能值-劳动生产率呈增加趋势，在1985年为 1.478×10^{12} sej/h，到2003年达到 5.405×10^{12} sej/h，高于1994年海南的（4.255×10^{12} sej/h）（蓝盛芳，2002），说明随着机械能投入的加大，曲周的劳动生产水平在增加。

研究结论如下。

首先，曲周农业生态系统年总投入能和总产出能均呈增加趋势，其中农业投能以系统以外的工业辅助能投入为主，系统环境资源投能的绝对数也在增加，主要表现在对区域水资源的利用上，随着农业的发展，对地下水的开采也在加大；总产出能先以种植业产出能占绝对优势后逐渐变为农牧结合同时兼顾林业和渔业发展的能值产出形式，同时农牧业系统的多样性下降，稳定性降低；各项主要能值指标演替分析表明曲周农业由传统农业逐步向现代农业演替方向极其明显，农业现代化水平日益增强，发展在全国居于较好水平，系统远未达到高投入高产出状态，仍有较大的发展潜力。农业生态系统的运行态势较好，但能值投入和产出效率增加幅度减慢，环境压力增大，可持续发展能力降低，应该注意农业发展的可持续性，在增加系统经济效益的同时注意保护环境，提高生态效益。

其次，曲周农业生态系统特有指标分析表明，曲周的劳动生产水平在提高，但系统连接网络不佳，其自控、调节、反馈作用弱，系统优势度呈下降趋势，主要表现为林业和渔业的子系统能值产出少，占系统能值总产出的比例太低。

最后，建议尽快建立对水资源的价格约束机制，加强对资源环境的综合管理；进一步优化系统结构，提高林业和渔业能值产出比例；改善系统投能结构，增加秸秆还田和有机肥的投入，加强生物防治，减少系统对石化能的依赖并提高其资源利用率；加大农业科技投入，提高农民自身素质和生态环境保护意识。

(3) 其他分区代表点农业系统能值分析

各分区代表点概况如下。

河北省满城县。满城县隶属于河北省保定市，东经115°19′，北纬

38°57′，海拔39m，西依太行山，东临华北大平原，北同易县接壤，南与清苑县毗邻，西和顺平县交界，东连保定市和徐水县。距保定市区10km，距北京、天津、石家庄均在150km之内。地理位置优越，交通极为便利，107国道横穿境内，保涞、保阜、保康三条干线横穿东西。境内地势西北高，东南低。西北部为太行山脉，东南部为洪积冲积平原，为半山区农业县，其中山区面积占45%。气候属温带半干旱、半湿润大陆性季风区，四季分明，光照充足，无霜期为190d，最低气温为-16.9℃。年平均气温12.3℃，年平均降水量530mm，无霜期195d。主要农作物有小麦、玉米、谷子、花生等，主要水果为苹果、核桃、柿子、酸枣。满城县辖12个乡镇，总面积658.4km^2，2000年全县总人口39.1万人，其中农业人口34.3万人，农村劳动力19.1万人，农林牧业劳动力为12.3万人。全县耕地面积26655hm^2，且全为旱地，其中有效灌溉面积22829hm^2，旱涝保收面积22363hm^2。优越的地理优势和适宜的气候条件非常适宜草莓生产发育。

山东省临邑县。位于东经116°52′，北纬37°11′，海拔24m，人口51万。地处鲁西北平原，隶属山东省德州市，位于德州市东部，南与济南毗邻，北与北京、天津相连。南北长58.5km，东西宽30km，气候属暖温带半湿润大陆性季风气候。受冷暖空气交替影响，光照充足，热量资源丰富，四季分明，年平均气温12.6℃，年降水量一般为613.8mm，无霜期平均196d，大于或等于0℃农耕期积温为4859.8℃，大于或等于10℃作物生长期积温4391.5℃。全年日照2656h，日均日照量7.5h，日照率60%。现辖7镇3乡，山东临邑总人口51.1万人，农业人口42.2万人，农村劳动力21.78万人，农林牧渔劳动力为16.59万人，行政土地面积为1016km^2，实有耕地56040hm^2，水田为1016hm^2，旱地为55024hm^2。有效耕地灌溉面积为47940hm^2，旱涝保收面积21120hm^2。临邑机耕地面积52000hm^2，机械作业87593hm^2，机播面积27333hm^2，且全为小麦。机械植保面积19067hm^2，机收面积28247hm^2，全为小麦。机械脱粒面积27693hm^2。境内拥有依傍黄河水灌溉的88万亩（1亩约为667m^2）耕地，是我国重要的商品粮生产基地和山东省重要的蔬菜基地，是一个典型的农业大县。地域宽阔，地势平坦，是华北大平原的一部分。表层质地主要为轻壤土和沙壤土，其土质肥沃，质地水、气、热状况协调，土酥绵软，是较好的一类土壤。临邑农副产品资源丰富，盛产小麦、玉米、大豆、棉花、林果、蔬菜、畜禽等，是优质粮棉、瘦肉型猪、山羊板皮、圆玲大枣生产基地县和黄淮海平原农业开发县。

江苏省新沂市。地处黄淮平原中部，东接亚欧大陆桥东桥头堡连云港，西依历史文化名城徐州，南通江淮，北接齐鲁，总面积1611 km²。隶属江苏省徐州市，位于东经118°21′，北纬34°21′，海拔29m，地处东陇海铁路段，江苏省的北大门，徐州东大门，江苏省北部。隶属江苏省徐州市，下辖11镇14乡，江苏淮北区新沂总人口96.34万人，土地面积1571 km²，新沂属暖温带季风性气候，四季分明，日照充足，雨量充沛，年平均气温13.7℃，年平均降水量904mm，全年无霜期210d左右。耕地约8.06×10⁴hm²，水田约3.20×10⁴hm²，农业劳动力39.56万人，农林牧渔叶劳动力26.75万人。农林牧渔业总产值321307万元，有效灌溉面积约7.04×10⁴hm²。主要作物有小麦、稻谷、花生、玉米等。已形成蚕桑、烟叶、粮食、板栗等国家和省的农副产品生产基地。

河南省杞县地处北纬34°13′~34°46′，东经114°36′~114°56′，海拔60m，位于河南省东部，隶属开封市，辖17个乡镇，河南省杞县土地面积1245 km²，农业总产值324047万元，总人口102万人，乡村人口94.37万人，农村劳动力56.3万人，耕地面积83220hm²，且全为旱地，有效灌溉面积68130 hm²，旱涝保收55600 hm²。机耕面积82000 hm²，机播面积56700 hm²，其中小麦为53300 hm²，玉米为3400 hm²，机械植保为100000 hm²，机械收割面积60100hm²，机收小麦53400 hm²。该区属大陆型季风气候区，其气候特点是冬长寒冷雨雪少，春短干旱多风沙，夏季炎热雨充沛，秋季晴和日照长，形成了这种寒热、干湿交替和四季分明的季风气候特征。年平均降水量为700mm，由于气候的影响，降水量的分布不均匀，降雨多集中在夏季，占年降水量的58%，年平均气温为14.1℃，气温年际间变化不大，但各月气温悬殊较大，最冷的1月，平均气温为-0.6℃，最热的7月平均27.3℃。全年日平均气温10℃的积温4703℃，持续时间218d，年平均日照时数为2529 h，日照率为57%，无霜期为214d。

安徽省砀山县。砀山县隶属安徽省宿州市，面积1193 km²，砀山县位于黄淮海平原的南部，安徽省的最北端，苏、鲁、豫、皖4省7县交界处，辖5乡14个镇，是黄淮海平原南部和淮海经济区的中心地带。县境处于北纬34°16′~34°39′，东经116°09′~116°38′。县辖19个乡镇，县域总面积1193km²，东西比南北稍长，砀山属暖温带半湿润季风气候，位于东经116°09′~116°38′，北纬34°16′~34°39′，该区四季分明，气候温和，雨量适中，无霜期长，季风气候明显。夏季雨量充沛，光热雨同季，有利于水果的生长。秋季光照充足，日暖夜凉，温差较大，利于水果糖分增加。安徽省砀山县农业人口76.6859万人，农业劳动力36.4740万人，农林牧渔劳动力31.5273万人，年末耕地面积50893 hm^2，有效灌溉面积41770 hm^2。旱涝保收面积30600 hm^2。砀山地势平坦，系黄河冲积而成，境内中部略高，南北稍低。由于黄河屡次泛滥及改道，中小地势起伏，岗、坡、洼相间。这种微域地形的地貌变化，使水、盐重新分配，形成砀山县以缓平坡地为主五种地貌类型。属于暖温带季风气候区，年平均气温14.0℃，年降水746.5mm；年日照时数2480.6h。砀山河流均系雨源型间歇性河道，标准较低，配套较差，汛期雨后积水不能及时排出，涝渍相伴发生。由于历史上黄河多次泛滥、淤塞和改道，在县域内留下一条46.6km废河道，历史上曾沙土、泡沙土、盐碱土、瓦碱土遍布，生态环境恶劣，现经过综合治理，生态环境已大为改善。县水果面积75万亩，占全县耕地面积的55%，盛产砀山酥梨。砀山处于黄河故道上，最典型的土壤是沙土和泡沙土，极利于酥梨生长。

山东省单县。隶属于山东菏泽市，山东省西南部，苏、鲁、豫、皖4省8县交界处，辖37个乡镇，位于山东省西南隅，苏、鲁、豫、皖4省结合部，介于东经115°48′~116°24′和北纬34°34′~34°56′，行政土地面积1650 km^2。地属北温带黄河冲积平原，四季分明，光照充足，年平均气温13.9℃，无霜期213d，年平均降水量737.1mm。属黄河冲积平原，地势西南高，东北低，海拔高度为38.5~59m，高差20.5m。县境南邻黄河故道，由于历史上黄河多次决口，泛滥冲积形成各种微地貌类型。山东省单县年末总人口114.1万人，农业人口105.1万人，农村劳动力53.96万人，农林牧渔劳动力41.76万人，实有耕地面积97921 hm^2，水田为843 hm^2，旱地为97078 hm^2。有效耕地灌溉面积为63980 hm^2，旱涝保收面积39220 hm^2。机耕地面积68000 hm^2，机械作业72453 hm^2，机播面积36000 hm^2，全为小麦。机械植保面积60000 hm^2，机收面积60040 hm^2，其中小麦为53333 hm^2。据1983年土壤普查结果，土壤分为三大类：即潮土、盐土、风沙土。其中潮土类面积180万亩，占可利用面积的92.73%。盐土类，面积0.67万亩，占可利用面积的0.06%。土地资源呈现部分土质较差，旱地面积大于水浇地面积，耕地后备资源不足。这里土地肥沃，雨量丰沛，日照充足，四季分明。盛产小麦、花生、玉米、棉花、大豆等农业产品，是国家商品棉基地县、平原绿化县、油料基地县。单县远离黄河约130km，处于引黄末梢，地表水贫乏、地下水不足是单县的水利状况。全县多年平均降水量为694.6mm，多年平均径流87mm，地表水资源总量为1.43亿 m^3，水库、塘坝等的总调蓄能力为1.66亿 m^3，地下水资源总量为2.98亿 m^3。

各分区代表点 2000 年能值投入比较如下。

据各分区点国民统计年鉴,并结合实际调查获得原始数据,对各代表点农业生态系统的投入和产出情况进行分析,其具体计算结果见表 4.7、表 4.8 及表 4.9。

表 4.7　2000 年黄淮海平原其他分区农业生态系统能值投入

单位:$\times 10^{18}$ sej

项目	满城县	临邑县	新沂市	杞县	砀山县	单县
太阳光	1.3783	2.8978	4.1668	4.3033	2.625	5.0635
雨水势能	0.48025	0.71958	1.8414	3.0467	1.8253	2.6086
雨水化学能	10.747	25.163	53.420	44.419	24.795	24.454
水资源	10.749	27.176	57.420	44.220	38.930	51.746
可更新资源	21.496	52.339	110.840	88.639	63.725	77.620
表土层损失	1.0310	2.1676	3.1168	3.2189	1.9635	3.7875
不可更新资源	1.0310	2.1676	3.1168	3.2189	1.9635	3.7875
化肥*	43.191	93.361	263.650	157.240	138.550	153.590
农药*	0.6304	0.6848	1.9313	2.5248	8.8624	4.1088
农业机械	71.271	204.060	81.982	216.720	161.640	164.440
农膜	0.12996	0.11286	0.41596	0.54378	0.4522	0.38874
电力	349.110	59.331	179.810	153.140	0.01137	277.000
燃油	18.567	15.225	21.358	56.460	42.110	23.824
工业辅助能	482.900	372.770	549.140	586.620	465.320	623.350
有机肥*	0.26565	1.2248	97.890	1.3047	0.31546	2.3011
种子	3.9918	9.1593	13.248	0.58494	8.8206	16.122
人力	121.610	0.013868	251.890	358.470	261.920	343.570
畜力	0.28987	0.22285	0.72150	0.067296	0.4444	1.6505
可更新有机能	126.160	10.621	363.700	360.430	271.500	363.650

注:标 * 项目原始数据单位为 g。下表同。

各个分区代表点能值投入比较(表 4.3、表 4.7)。可更新环境资源占系统能值比率以新沂市最大,为 10.79%,但低于曲周县 1995 年的 12.96%,高于曲周县 2003 年 10.13%,结合可更新资源的能值组成来看,新沂市雨水化学能高于灌溉水能值,而曲周县则相反,其水资源的灌溉水能值较大,说明江苏淮北区新沂市自然气候环境优越,为农业生产创造了良好的条件,而黑龙港区曲周县气候资源能值相对较低，需要依托该区的地下水资源发展农业；不可更新环境资源占总投入能值比率以满城最低，为 0.16%，但低于曲周县 1995 年的 1.52%，高于曲周县 2003 年的 0.76%，这表明山前平原区满城县和黑龙港区曲周县系统内作物发展相对来说对土壤的自然肥力依赖减弱，而主要受工业辅助能投入量的影响，也从侧面土壤形成速率减弱，土壤侵蚀加强；工业辅助能占总投入能值比率以山前平原区满城县最大，为 76.5%，高于曲周县 1995 年的 60.64%，低于曲周县 2003 年的 79.37%，农业这两个区农业发展对工业辅助能投入的依赖较强；可更新有机能占总投入能值比率以新沂市最大，为 35.42%，其他分区代表点都相差不多，但均高于曲周县 1995 年的 12.96%，2003 年的 9.74%，各代表区较重视有机能投入，有利于农业可持续发展农业可持续，也说明黑龙港区在中国农业大学试区影响下盐碱化综合治理较好，工业辅助能投入较多，有利于农业发展，但也同时注意有机辅助能的投入，以利于农业可持续发展。综合来看，各个分区工业辅助能均在 50% 以上，反映了整个黄淮海区各个空间发展的趋同效应，农业现代化程度都相对较高。

各分区代表点能值产出比较如下（表 4.4、表 4.8）。

各分区代表点的农业、林业、牧业和渔业子系统的基本能值产出分别占系统能值产出的比率分别为：满城县为 62.78%、0.71%、36.11%、0.400%；临邑县为 72.16%、0.549%、23.42%、3.87%；新沂市为 59.36%、3.07%、28.29%、9.28%；杞县为 69.81%、1.67%、28.38%、0.14%；砀山县为 79.66%、3.57%、16.26%、0.51%；单县为 69.66%、3.48%、25.75%、1.11%。黑龙港区和曲周县一样，均表现为农业能值占绝对比例，其次是牧业，充分说明黄淮海平原农业发展的特点，农业具体表现为种植业和牧业是区域农业的两大支柱产业。但从各个能值产出的比例来看，农业能值比例还是过大，应该加大农业结构调整的力度，加快牧业发展，同时林业和渔业是整个农业生态系统的薄弱环节，应因地制宜加强发展。

表 4.8　2000 年黄淮海平原其他分区农业生态系统能值产出

单位：$\times 10^{18}$ sej

项目	满城县	临邑县	新沂市	杞县	砀山县	单县
小麦	40.875	135.847	257.340	115.673	120.000	64.175
玉米	21.356	45.786	15.000	11.892	31.000	13.298
大豆	0.791	6.618	5.100	6.544	4.120	4.608

(续表)

项目	满城县	临邑县	新沂市	杞县	砀山县	单县
薯类	11.777	5.471	2.435	14.509	69.453	13.015
棉花	8.171	193.933	31.000	321.510	45.390	132.875
油料	3.859	4.637	86.535	63.123	15.421	72.250
蔬菜	5.440	28.641	71.000	26.121	12.000	15.350
水果	161.745	11.132	21.315	9.160	462.175	68.125
其他	601.350	1098.73	871.5	662.8	113.1	633.0
种植业	850.5	1530.8	1361.2	1232.0	872.7	1016.8
林产品	9.674	11.647	70.40	29.472	39.0	50.7
林业	9.674	11.647	70.40	29.472	39.0	50.7
蛋	209.57	94.59	15.23	154.74	83.55	138.05
肉	274.60	397.15	572.60	335.33	70.92	236.45
奶	1.500	0.735	38.067	6.137	18.911	0.134
毛	5.683	3.667	6.922	3.648	2.500	1.386
其他	0.650	0.693	15.919	10.000	22.278	0.025
牧业	492.00	496.833	648.750	500.833	178.103	376.0
水产品	5.450	82.120	212.805	2.471	5.586	16.350
渔业	5.450	82.120	212.805	2.471	5.586	16.350

各分区代表点能值指标比较如下（表4.5、表4.6和表4.9）

购买能值比率比较。除了新沂市和曲周县为0.8左右，其余都基本在0.9以上，以满城最大，充分表明黄淮海各地均已向现代农业发展，均需依赖农业系统的外部输入来维持系统的正常运行。

能值密度、人均可利用能值量比较。各分区代表点能值密度及人均可利用能值利用均介于曲周县的1995—2003年，其中能值密度以满城县为最大，单县最小，人均可利用能值量以满城县为最大，以砀山县为最小，表明满城县农业发展利用强度较大，与其他代表点相比，运行情况居于较好水平，而砀山县和单县则相反，农业经济发展相对较差。

净能值产出率比较。净能值产出率这在一定程度上反映了系统的工业化程度和持续性发展状况。临邑县农业生态系统净能值产出率最高，为6.095，其次为新沂市、满城县，而以单县最低，为1.479。表明农业生态系统整体功能以临邑县较好,其他依次相对稍弱,尤其以单县为最低。说明山前平原区、鲁西北、江苏淮北农业系统运行效率相对优于豫东南、黑龙港、皖北、鲁西南,从可持续角度来看,需提高各分区资源的利用效率,尤其是皖北区和鲁西南区。

环境负荷力比较。据表4.9可知,满城县环境负荷力较高,比曲周县2003年的稍低,其次为单县,说明山前平原区、黑龙港区、鲁西南区农业生态环境所受压力较大,同时综合净能值产出率分析,满城县、曲周县对自然可更新资源利用率相对较高,可更新环境资源和不可更新资源较匹配,而单县则对工业辅助能利用率较低,可更新环境资源和不可更新资源不相匹配,造成工业辅助能的浪费,增大了环境压力。应该在提高系统经济效益的同时注意保护环境,提高生态效益。

表4.9 2000年黄淮海平原其他分区农业生态系统能值指标体系

能值评价指标	满城县	临邑县	新沂市	杞县	砀山县	单县
环境资源比率	0.036	0.0945	0.111	0.088	0.082	0.076
工业辅助能比率	0.765	0.646	0.535	0.565	0.580	0.583
有机辅助能比率	0.200	0.259	0.354	0.347	0.338	0.340
购买能值比率	0.964	0.905	0.889	0.912	0.918	0.924
净能值产出率	4.942	6.095	5.034	1.863	1.490	1.479
环境负荷力	8.640	3.582	2.491	3.327	3.667	4.040
能值密度($\times 10^{11}$ sej/m^2)	9.593	5.675	6.536	8.345	6.727	6.475
人均可用能值($\times 10^{15}$ sej/人)	1.841	1.366	1.317	1.101	0.9837	1.017
可持续发展性能指标	1.653	4.234	1.466	0.735	0.392	0.200
系统优势度	0.525	0.577	0.442	0.568	0.662	0.553
系统稳定度	0.717	0.730	0.994	0.686	0.622	0.768
能值劳动生产率($\times 10^{12}$ sej/h)	7.897	6.065	4.813	2.603	2.211	2.210

系统可持续发展性能指标比较。系统可持续发展指标以临邑县最高4.234,其次为满城县、新沂市,其他相对较低,以单县最低,甚至低于1998年全国农业系统可持续发展性能指标0.30,从农业可持续发展能力来看,以山前平原区、鲁西北区、江苏淮北区较好,其次为豫东南、黑龙港区,而皖北区和鲁西南区则较差,应在继续保持各个分区农业可持续发展的同时,进一步改善皖北区和鲁西南区的农业生产条件,结合区域自然资源的

实际，进行工业辅助能的投入，力求可更新环境资源和不可更新资源相匹配，促进农业生态系统的良性循环。

系统生产优势度比较。各分区代表点系统优势度以砀山县最大，为0.662，以新沂市为最低，为0.442，说明江苏淮北新沂市农业系统生产单元与其他各区代表点相比，相对较均衡，而皖北则相对较不均衡，表现为农业能值比例相对过大，为了提高系统的农业生产均衡度，尤其是砀山县的系统均衡度，应加大农业结构调整力度，大力发展牧业，适当因地制宜发展林业和渔业。

系统稳定性系数比较。系统稳定性指数表示系统生产稳定性的大小，系统稳定性指数高，则说明农业系统的物质流、能量流连接网络发达，系统自控、调节、反馈作用强，有更大的自稳定性。各个分区点系统稳定性指数以新沂市最大，为0.994，砀山县最低，为0.622。说明新沂市农业生态系统连接网络较好，系统的自控、调节、反馈作用强，而其他分区代表点系统则相对连接网路欠佳，尤其是皖北砀山县，系统的自控、调节、反馈作用弱，应该加强各分区农业系统结构调整得力度，以增强系统稳定性。

能值-劳动生产率比较。各个分区代表点以满城县最大，其次为临邑县、新沂市、杞县、砀山县、单县，说明山前平原区、鲁西北区、江苏淮北区等农业生产水平优于其他各区，进一步加大各分区尤其是黑龙港区、豫东南区、皖北区、鲁西南区的农业机械的投入水平，同时注意提高资源投入的利用效率。

研究区空间能值分析结论如下。

首先各个分区农业投能以系统以外的工业辅助能投入为主，系统环境资源投能的绝对数也在增加，主要表现在对区域水资源的利用上，随着农业的发展，对地下水的开采也在加大；总产出能先以种植业产出能占绝对优势后逐渐变为农牧结合同时兼顾林业和渔业发展的能值产出形式，同时农牧业系统的多样性下降，稳定性降低；各项主要能值指标演替分析表明各个分区向现代农业演替方向发展极其明显，农业现代化水平日益增强，发展在全国居于较好水平，系统远未达到高投入高产出状态，仍有较大的发展潜力。农业生态系统的运行态势较好，农业能值投入都相对较高，但能值产出效率空间不均，以山前平原区、鲁西北区、江苏淮北区相对产出效率较高，这些分区水土资源较好，自然环境资源优越，有利于不可更新资源与可更新环境资源更好匹配，因此能值产出效率较高，但应该注意发挥区域自然资源环境优势，控制工业辅助能的投入，以提高区域农业可持续发展潜能；其次为黑龙港区，随着盐碱地的综合治理，该区农业生态呈现良好的增长态势，但应提高可更新资源尤其是水资源的利用效率，注意农业结构调整，减少种植业能值比例以减轻该区水资源的压力，同时注意生态环境的保护，力求降低工业辅助能的过量投入对环境造成的压力；再次，豫东南区农业发展自然环境较好，系统能值产出的潜力较大，应配合该区自然环境资源，适当加大工业辅助能的投入，以发掘该区农业发展的空间；另外，对于皖北区和鲁西南区，应该针对自然环境的现状，进行购买能值的投入，尤其加大可更新有机能的投入，避免盲目增加工业辅助能的投入带来资源浪费的同时，又加大了环境的压力，不仅不利于系统的可持续发展，反而引发一系列生态环境问题。

同时农业生态系统特有指标分析表明，山前平原区、鲁西北区、江苏淮北区劳动生产水平较高，其他各区相对较低；系统优势度分析表明，江苏淮北系统结构总体生产单元相对较均衡，系统稳定性指数较高，其他普遍都以农业种植业占绝对优势，林业和渔业的子系统能值系统能值总产出的比例较低，系统连接网络不佳，不利于系统自控、调节和反馈，这说明黄淮海农业结构调整得不够，还需进一步加大农业结构调整。

最后，建议尽快建立对水资源的价格约束机制，加强对资源环境的综合管理；进一步优化系统结构，提高林业和渔业能值产出比例；改善系统投能结构，增加秸秆还田和有机肥的投入，加强生物防治，减少系统对石化能的依赖并提高其资源利用率；加大农业科技投入，提高农民自身素质和生态环境保护意识。

4.4 黄淮海平原农业生态系统演替

在过去 50 多年里，中国黄淮海平原农业生态系统发生了很大的变化，特别是 20 世纪 80 年代前人民公社的集中组织被随后的家庭联产承包责任制取代以来，黄淮海平原许多以传统有机农业为主的耕作方式日益消失，为了提高农业生产力，越来越多化石能以合成肥料、农药和机械能的方式输入系统。研究发现，在较高的土壤肥力下，土壤氮的增加不仅延缓了产量增加的速率，同时还污染了环境。黄淮海平原是一个融传统农业和现代都市及乡村工业为一体的重要农业区。随着区域城镇和乡镇企业的发展，传统的耕作管理，如绿肥、有机肥的施用已逐渐减少，因石油农业的发展而引起的区域农业系统环境质量下降的情况日益严重。因此，在传统农业与现代石油农业之间以及城镇和乡村工业之间寻求平衡发展对区域农业可持续发展尤显重要。

4.4.1 农业生态系统能值流程图

根据能值流,农业生态系统是由农业、林业、牧业、渔业、副业和人类等亚系统组成的(图4.7),鉴于林业和副业亚系统在整个经济系统中所占比例较小,分别为2.53%~3.17%、5.98%~7.16%,研究中不予以考虑林业和副业亚系统以及与这两个亚系统联系的能值流。

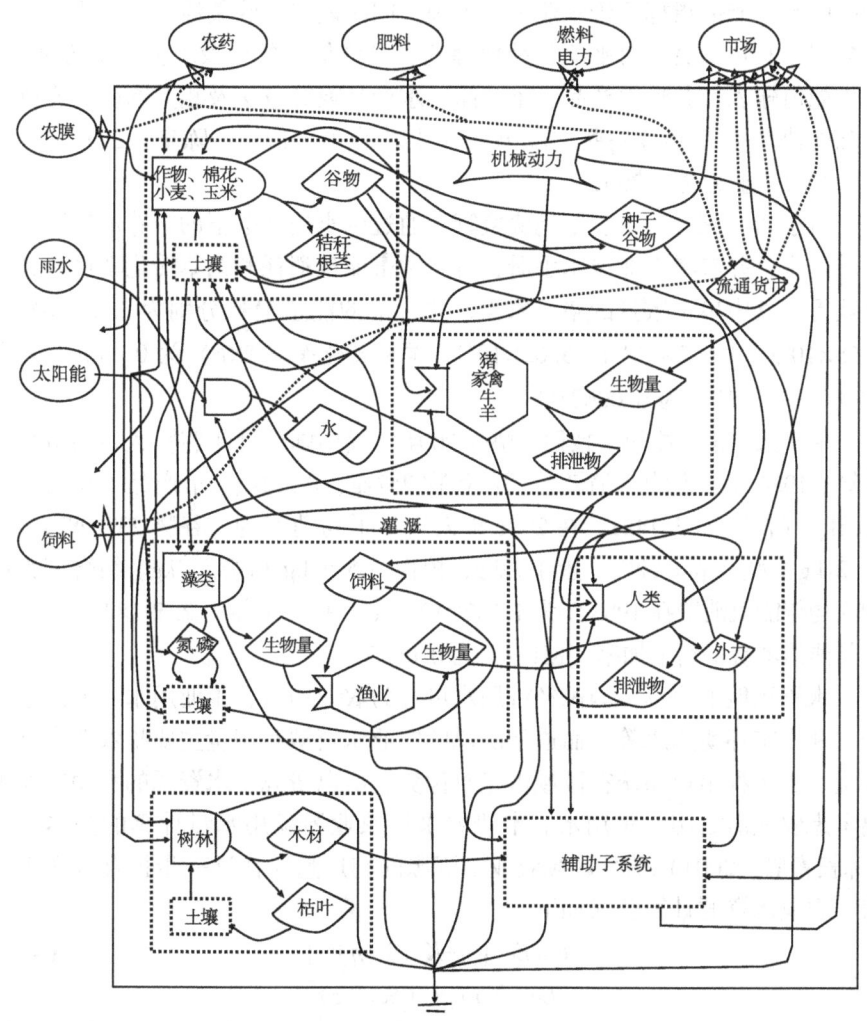

图4.7 黄淮海平原农业生态系统能值流模型

4.4.2 模型方法

借助于能值模型，通过能量系数和能值转化率将系统内各个组成要素转化为太阳能，形成基本指标以评价系统的可持续情况。可更新及不可更新资源的输入，以及当地来自外界的购买资源输入均包括在内，因为可持续系统的每个过程不仅必须是在环境的范围内（生态兼容性），而且也需提供给社会一个相匹配的产量（经济兼容性）（Brown and Ulgiati, 1998）。本研究引用一些基本能值指标评价农业生态系统，同时调查并收集涉及有关研究方面的数据，其包括黄淮海平原各种地理的、经济信息的以及农业统计方面的。关于能值输入及其他农产品、畜产品、水产品换算方法及相关物质的能量系数和能值转换率参考一些文献书籍（牛若峰等，1984；陈阜，2000；骆世明，2001；蓝盛芳，2002）。

对于猪、家禽、牛、羊能值换算，通过调查当地家畜的饲养消耗以及饲草转化率，并参考农业技术手册，每个牲畜能量消耗和饲草转化率可通过计算获得，其中单个数量的猪、家禽、牛、羊的能量消耗分别为 2.68×10^{10}J、2.55×10^{6}J、3.622×10^{10}J、3.62×10^{9}J，饲草转化率（TRF）为 0.17%，其平均变化率（TIR），为 0.00625%。

关于人口消费换算。按照 1979—2004 年《中国统计年鉴》人口消费统计计算。1984 年，人均年消耗包括：谷物 257kg、肉 12kg、水产品 1.64kg、蛋 2.05kg 和植物油 3.14kg，在 2001 年人均年平均消费为：谷物 237.98kg、肉 18.21kg、水产品 4.12kg、蛋 4.72kg、植物油 5.51kg 和奶 1.2kg。结合调查可知人均年能值消费在 1984 年为 1.242×10^{23}sej、在 2001 年为 2.591×10^{23}sej，人均年能值消费平均增加率（EHIR）为 0.068%。

水资源能值换算。国民经济用水可分为农业用水、工业用水、人民生活用水和生态环境用水等，而通常所说的农业水资源利用量主要指农业灌溉用水量。由于种植业系统在区域占绝对优势，所以研究中水资源的利用方面主要考虑农业灌溉用水量用水。本研究采用农业灌溉用水量计算的基本方法（林长青等，2001）估算区域农业水资源的利用量，在进一步折合成太阳能值。农业水资源计算公式如下。

$$E=Ec\left[\eta+K(1-\eta)\right] \tag{4.1}$$

$$Ec=\sum Ec_i\times(Sc_i/Sc)$$

式中，E 为农业用水量，mm；Ec 为作物田间需水量，为各种作物种植面积加权平均值，mm；Ec_i 为第 i 种作物田间需水量（包括耕地休闲耗水量），mm；Sc_i 为第 i 种作物种植面积，hm^2；Sc 为耕地面积，hm^2；η 为土地利用系数，即耕地占总土地面积的比例；K 为非耕地蒸腾蒸发量与耕地蒸腾蒸发量的比值。

4.4.3 系统能值指标

能值投入结构指标。包括环境资源、工业辅助能、有机辅助能、购买能值分别占总投入能值的比例，具体表示为：环境资源比率 E_{mI}/E_{mT}；工业辅助能比率 E_{mF}/E_{mT}；有机辅助能比率 E_{mR1}/E_{mT}；购买能值比率 E_{mU}/E_{mT}。

能值投资率（EIr）。能值投资比率（EIr）是工业辅助能值（E_{mF}）与当地资源（E_{mI}）能值比率，其中当地资源包括可更新资源和不可更新资源，能值投资比率越大，发展的程度也越大（Brown et al，1996）。这个指标计量了经济系统各种来源的能值投资程度，其可以衡量经济发展的强度，并且在评价相关经济输入贡献的同时，也评价环境负载程度。其他地区和过程的较低的比率相比，一个高的比率意味着环境支持较高水平的经济输入。

$$EIR = E_{mF}/E_{mI} \quad (4.2)$$

环境负荷力（ELR）计算一般两种，一种是环境为输入系统不可更新资源与可更新资源比率，其中不可更新资源包括当地不可更新资源能值（E_{mN}）与工业辅助能（E_{mF}）之和，可更新资源能值包括输入系统的可更新环境资源（E_{mR}）和可更新有机能（E_{mR1}），另一种是购买能值（E_{mU}）包括工业辅助能（E_{mF}）与可更新有机能（E_{mR1}）之和占可更新环境资源（E_{mR}）的比例。ELR 反映了环境的潜在压力或发展压力，当与同一比率的地区相比时，常用来衡量负载率（Brown et al，1996），一个大的比率意味着在能值利用上有一个高科技水平，同时也有一个较高的的环境压力。为了方便研究区和其他地区的较，采用两者方法加以比较。

$$EIR = (E_{mN} + E_{mF}) / (E_{mR} + E_{mR1}) \quad (4.3)$$
$$EIR = (E_{mN} + E_{mU}) / (E_{mR} + E_{mR1}) \quad (4.4)$$

净能值产率（Yr）为生产性系统能值产出与来自经济系统的反馈的能值输入相比，这种反馈的能值输入包括燃料、肥料和服务（辅助能值）。Yr 表明系统外投入对经济的净贡献。

$$Yr = E_{mY}/E_{mU} \qquad (4.5)$$

能值密度为单位面积上（A）总能值投入（E_{mT}）；人均能值用量为平均一个人利用能值的量（E_{mT}）。

能值交换率（EER）是指商品能值（E_{mM}）与购买者支付货币相当的能值（$Em\$$）之比率。用以反映商品交换中买卖双方的受益程度，一般以出口资源的国家吃亏，因为交换中没有支付资源环境能值。本研究引用其用以计算可持续发展性能指标（$EISD$）。

$$EER = E_{mM}/Em\$ \qquad (4.6)$$

可持续发展性能指标（$EISD$）。指的是能值产出率（EYR）即系统能值产出率（E_{mY}）与能值交换率（EER）乘积与环境负荷力（ELR）的比率，比率越高，证明单位环境压力下社会经济效益越高，系统的可持续发展性能越好，数学表达式如下。

$$EISD = EYR \times EER/ELR \qquad (4.7)$$

系统优势度（c）用以反映系统结构总体的生产单元均衡性，计算公式如下。

$$c = \sum (E_{Yi}/E_Y)^2 \qquad (4.8)$$

$i = 1, 2, 3, 4$；E_{Yi} 表示第 i 个子系统的能值产出，E_Y 表示系统能值总产出）。

系统稳定度（s）用以反映系统生产稳定性大小，计算公式如下。

$$S = -\sum [(E_{Yi}/E_Y) LN (E_{Yi}/E_Y)] \qquad (4.9)$$

式中，$i = 1, 2, 3, 4$；E_{Yi} 表示第 i 个子系统的能值产出，E_Y 表示系统能值总产出）。

可反馈能值定义为总能值产出中除去人口消费的能值部分，用以衡量系统的反馈能力；可反馈率指人均可反馈能值量。两指标有助于系统能值贮存，在某种程度上，它提高了生产性系统的可持续性。

人们消费。总的人们消费（THC）包括总的谷物消费（$TECH$）和总的动物性食物消费（$AAFC$），它反映了黄淮海平原人们的营养结构和生活质量。

4.4.4 黄淮海平原能值分析

黄淮海平原农业生态系统能值流模型（图 4.7）反映了系统主要的能值流途径、农业的生产性系统的过程，以及太阳、雨水和服务的输入等。能值产出包括作物、水产品、牧业等的产出。在黄淮海平原年投出和产出情况具

体见表 4.10。

系统资源能值输入方面。总的环境资源（E_{mI}），如表 4.10 所示，它包括可更新资源能（E_{mR}）和当地不可更新资源能（E_{mN}）。如果可更新环境资源是同样气候、地球物理作用引起的不同现象，只取其中能值投入量最大，以避免能值的重复计算（Odum，1996）。根据研究区实际情况，可更新资源包括太阳能、雨水化学能、雨水势能、灌溉水，研究中选取雨水化学能和灌溉水为可更新环境资源，其能值投入主要与种植业系统面积大小、气候及地质因素相关，在研究时段 1984—2001 年，环境资源呈波动性变化是由于耕地资源的减少引起的，同时水资源能值基本上增加，但幅度不大，说明只要不遇到极端情况如大旱、大涝等，区域可更新环境资源变化不大，表明只要注意水资源的灌溉方式，区域种植业系统用水不会给水资源的利用造成太大的压力，可以实现种植业用水的可持续良性循环。不可更新资源能（E_{mN}）是表土层净损失，是高频率利用的不可更新环境资源，其主要也是随着耕地的较少呈缓慢减少趋势，也说明耕地保护的重要性，同时它在总的输入能值（E_{mI}）中，占有相对较小的比例，表明系统作物生长在很大程度上不再依赖于土壤的自然肥力，而主要受工业投入辅助能的影响，但也在一定程度上加大了土壤生态环境的人为干扰而引起土壤侵蚀，不利于土壤自然更新和形成。总辅助能（E_{mU}）。包括工业辅助能和可更新有机能。工业辅助能是最重要输入能值，在所有的工业辅助能中，电力和肥料、机械能均占较大的比例，其各组分均呈明显增加的趋势，表明系统农业现代化程度在增强。对于可更新有机能来说，除了人力、有机肥随总体呈缓慢增加趋势外，种子和畜力呈缓慢下降趋势，其中种植能值减少是由耕地减少和农业良种化的作用引起的，畜力减少是由农业机械化操作引起的，这反映区域农业现代化的进程，不过也看到有机肥增加的速度还是太小，施用的范围少，在实际调查中发现其主要用在蔬菜作物的栽培上，对于大面积栽培的小麦、玉米、棉花等主要大田作物来说，主要还是倚重化肥来提高土壤肥力，从长远来看这种现象是不可持续的，如何加强区域大田作物土壤有机肥的培肥作用还是一项很重要的任务，尤其是在机械化速度加快的情况下。系统的自组织的过程，倾向于沿着生产过程发展系统的结构，从而使所有的输入都有一定的限度，当某种能流的作用与它需求的能值相匹配时，系统的自组织功能倾向于保持系统的稳定（蓝盛芳，2002），这就要求农业生产中要注意可更新资源和不可更新资源的合理匹配，以提高各输入能流的利用效率。

系统能值产出方面。农业生态系统结构习惯依据人类农业生产作用对象划分为农林牧业产业结构,因此,农业生态系统结构即农业产业结构,包括农林牧渔,其能值产出即为这四业能值产出之和。总的来看,在1984—2001年,区域种植业能值产出呈现波动性增加,但增加的幅度不大;牧业则呈现增加趋势,尤其在1996年后增加幅度较大;渔业也同样呈现增加趋势。这与种植业系统效益相对低下了,农产品价格波动不稳定,而牧业和渔业相对效益较大有关。同时从当地人们食物的消费能值来看,其也随着人口的增加呈现增加的趋势。分析人口能值消费结构可知,虽然谷物性能值消费和动物性能值消费均增加,但动物向能值消费增加相对较快,这反映了人们对动物性食物消费需求较大的能值取向,也是引起区域渔业和牧业增加的主要原因,但种植业作为第一性生产,其基础性地位使其呈现波动性增加,以维持和支撑整个区域的可持续发展。因此,在注重结构调整的同时不能忽视粮食安全的低限。

系统能值指标。黄淮海平原农业生态系统能值分析指标如表4.10所示。主要指标解释如下。

环境资源(E_{mI})比率与可更新有机能(E_{mR1})比率呈缓慢下降趋势,这主要是由耕地面积的减少引起的,而工业辅助能(E_{mF})比率及购买能值(E_{mU})比率均呈增加趋势,这反映了研究区农业生态系统是已具有了典型现代农业生态系统的特点,主要倚重系统外投能支撑农业生态系统的发展。这种投能结构的发展势必拉大可更新资源和不可更新资源的不相匹配的距离。不均衡的能值匹配增加了产量,但输入生产过程中的能值并未被有效利用。20世纪环境-经济发展中不均衡的能值匹配情况很普遍,这种情况虽然繁荣了经济,但生产效率是地下的(蓝盛芳,2002)。因此,为了提高系统的自组织功能,应该改变系统投能结构,提高可更新资源特别是可更新有机能的投入。

表 4.10 1984—2001 年黄淮海平原农业生态系统能值投入产出

单位:sej/a

项目	1984年	1987年	1990年	1993年	1996年	1999年	2001年
可更新资源(E_{mR})							
太阳光($\times 10^{20}$)	9.249	9.150	9.101	9.040	8.723	8.841	8.960
雨水化学能($\times 10^{21}$)	9.697	9.593	9.542	9.478	9.146	9.270	9.394
雨水势能($\times 10^{20}$)	5.553	5.496	5.466	5.430	5.239	5.310	5.381
水资源($\times 10^{21}$)	7.178	7.038	7.603	7.635	7.941	8.833	8.848

(续表)

项目	1984年	1987年	1990年	1993年	1996年	1999年	2001年
合计（$\times 10^{22}$）	1.688	1.663	1.715	1.711	1.709	1.810	1.824
不可更新资源（E_{mN}）							
表土层损失（$\times 10^{20}$）	6.918	6.844	6.808	6.762	6.525	6.613	6.702
合计（$\times 10^{20}$）	6.918	6.844	6.808	6.762	6.525	6.613	6.702
环境总投入 E_{mI}（$\times 10^{22}$）	1.757	1.732	1.783	1.779	1.774	1.876	1.891
工业辅助能（E_{mF}）							
燃油（$\times 10^{21}$ sej）	3.423	3.861	4.612	5.191	6.477	8.564	9.008
电力（$\times 10^{22}$）	2.112	2.574	3.279	4.526	6.485	7.800	8.335
肥料（$\times 10^{22}$）	1.534	1.537	2.019	2.523	2.989	3.385	3.442
农药（$\times 10^{20}$）	2.167	2.333	2.493	2.730	3.327	3.543	3.636
农膜（$\times 10^{19}$）	2.669	3.722	5.171	5.871	7.259	9.431	10.44
农业机械（$\times 10^{22}$）	1.327	1.270	1.517	1.707	2.239	3.146	3.698
合计（$\times 10^{22}$）	5.340	5.795	7.306	9.309	12.40	15.23	16.42
可更有机能（E_{mR1}）							
种子（$\times 10^{20}$）	1.564	1.579	1.448	1.325	1.218	1.269	0.997
有机肥（$\times 10^{20}$）	1.176	1.379	1.554	1.807	2.346	2.212	2.069
人力（$\times 10^{22}$）	4.692	4.435	4.921	5.235	5.261	5.574	5.827
畜力（$\times 10^{20}$）	4.470	3.936	2.846	2.001	9.706	1.568	1.910
合计（$\times 10^{22}$）	4.764	4.504	4.979	5.286	5.306	5.625	5.877
总辅助能 E_{mU}（$\times 10^{23}$）	1.186	1.030	1.229	1.459	1.771	2.086	2.230
总能值投入 E_{mT}（$\times 10^{23}$）	1.186	1.203	1.407	1.637	1.948	2.273	2.419
种植业 E_{mY1}（$\times 10^{23}$）	2.512	1.595	1.610	1.462	1.777	1.941	2.262
牧业 E_{mY2}（$\times 10^{23}$）	0.885	1.303	1.818	2.562	5.528	5.550	6.107
渔业 E_{mY3}（$\times 10^{21}$）	3.224	1.025	9.905	14.13	25.63	37.04	41.47
总产出 E_{mY}（$\times 10^{23}$）	3.428	3.001	3.528	4.166	7.561	7.862	8.784
谷物性消费（$\times 10^{22}$）	3.187	3.988	4.745	5.402	6.088	6.995	7.458
动物性消费（$\times 10^{23}$）	0.923	1.075	1.145	1.258	1.434	1.801	1.845
总消费（$\times 10^{23}$）	1.242	1.474	1.620	1.798	2.043	2.500	2.591

能值投资率趋向增加，能值产出率则呈现波动性变化。区域能值投资率

在1993年为5.233%,高于1998年中国的4.93%（蓝盛芳,2002),并趋向增加,在2001年达到8.683%,这是黄淮海平原农业生态系统的特点,来自人类为了经济利益从事农业活动对农业生态系统带来的巨大的冲击,购买能值越高,生产的花费和能值投资率也越高。高的能值投资率引起更多的环境能值和其相匹配,它可能减少自然成本,因而降低了农业生产能力(Odum,1992),这表明黄淮海平原农业生态系统拥有较强的竞争力。能值产出率则呈现波动性下降,但均高于中国1998年的0.27%,说明在黄淮海平原农业生态系统发展的强度在加大,来自经济的反馈较高,能值产出率不稳定,系统资源效率呈现波动性变化。这是由潜在的限制因子的积累和再循环决定的。当生产中的反馈能值与环境资源输入能值合理匹配时,能值流得到了最佳的利用,导致生产效率的最大化,反之,则使系统投能不能很好地被利用。假定在生产中有一个高能值转换率的资源输入,会带来较大的能值输入,从而使其他输入变得更加有限,由于输入的增加会使产量增加,但增加的速度较低尤其是工业辅助能的不合理投入。

环境负荷力也持续增加,从1984年的3.206,高于1998年中国的2.8（蓝盛芳等,2002),增加到2001年的9.039,说明黄淮海农业生态系统有较好的科技水平,同时意味着有相对较大的环境压力。应该在提高系统经济效益的时候加大生态环境建设。

系统优势度下降,稳定度增加。系统优势度指数高于广东省三水市的0.442,但稳定度小于三水市的0.918。反映农业生态系统各个结构单元趋向均衡化,系统稳定性增加,这是农业结构调整结果,还应该进一步加大农业结构调整的力度,同时考虑到农业的基础性地位,在结构调整的同时,应该重视农业尤其是种植业的可持续发展。

可反馈能值、人均可反馈率、人均能值用量、能值密度均呈增加趋势,但系统可持续发展性能指标趋向降低,其中人均能值用量、能值密度分别低于三水市1998年的1.016×10^{16} sej/人、3.595×10^{12} sej/m^2,说明区域农业生态系统的经济发展速度加快,但农业发展水平还有待提高,同时系统的可持续的下降要求再次反映了区域农业发展过程中面临着巨大的环境压力,今后农业发展要重视生态环境保护。

总之,伴随着系统购买能值投入尤其是工业辅助能投入的增加,使系统能值投资率增加,促使系统总能值产出增加,表现为农业能值产出呈现波动性增加,牧业和渔业均呈增加趋势,这是农业结构调整的结果,促使能值由种植业系统向牧渔业尤其是牧业方向流动,从而使系统可反馈能值、人均可反馈率、人均能值用量、能值密度均呈增加趋势,系统各组成单元均衡度增加,稳定度加强。但是系统能值投资率效率不佳,表现为净能值产出率呈现波动性变化,环境负荷力增加,系统可持续发展性能指标下降,这是系统投能结构不佳造成的。表现为不可更新工业辅助能投入过大,而可更新资源尤其是可更新有机肥投入过小引起的。这种环境-经济发展中不均衡的能值匹配虽然繁荣了经济,总能值产出增加,带来更多的反馈传输到环境界面,因为提高了生产,增大了能值投资率,但生产效率低下,并使环境负荷力增加,加大了生态环境的压力,如果不改变系统投能结构,势必削弱了由系统结构调整带来的系统结构的稳定性,降低系统的可持续发展能力。因此,研究区农业发展方向应该在继续调整系统结构的同时,改变系统投能结构,使环境-经济发展中不可更新资源与可更新资源能更好地匹配,从而提高能值产出效率,降低环境负荷力,增大系统的稳定性,以保持系统的可持续发展。另外,研究区人们总的能值消费(THC)、谷物性食物消费(TECH)以及动物性食物消费都随着人口的增加而逐步增加,这说明当地人们食物结构趋向最佳化,生活质量明显提高,这也是促使区域农业结果调整的动因之一。同时从可持续发展角度考虑,还应进一步落实耕地占补总量平衡政策,控制人口增长。1984—2001 年黄淮海平原农业生态系统指标体系见表 4.11。

表 4.11 1984—2001 年黄淮海平原农业生态系统指标体系

指标	1984 年	1987 年	1990 年	1993 年	1996 年	1999 年	2001 年
环境资源比率	0.148	0.144	0.127	0.108	0.091	0.083	0.078
工业辅助能比率	0.450	0.482	0.519	0.566	0.637	0.670	0.679
有机能比率	0.402	0.374	0.354	0.323	0.272	0.247	0.243
购买能值比率	0.852	0.856	0.873	0.891	0.909	0.917	0.922
能值投资率	3.040	3.347	4.099	5.233	6.991	8.117	8.683
净能值产出率	3.393	2.914	2.871	2.854	4.270	3.769	3.939
环境负荷力	3.206	3.526	4.301	5.479	7.296	8.450	9.039
系统优势度	0.643	0.636	0.578	0.539	0.521	0.532	0.506
系统稳定度	0.663	0.682	0.758	0.807	0.813	0.822	0.852
可反馈能值($\times 10^{23}$)	2.186	1.527	1.908	2.368	5.518	5.361	6.193
人均可反馈率($\times 10^{15}$)	1.195	0.801	0.925	1.109	2.367	2.416	2.713
人均用量($\times 10^{14}$ sej/人)	7.903	7.833	8.533	9.748	11.78	13.60	14.25
能值密度($\times 10^{11}$ sej/m^2)	3.627	3.678	4.270	4.958	5.869	6.819	7.243
可持续发展性能指标	5.355	4.262	3.500	2.874	3.643	2.565	2.600

目前全球农业发展正处在关键路口（Deborah et al.，1997）。在1984—2001年的变化缘起与人类和自然的共同影响。此外，变化的模式可对农业生态系统变化的可能的冲击提供一些线索。人为干扰是影响农业生态系统的主要因素，具体如下。

在黄淮海农业生态系统里，石化能的使用明显增加，但可更新有机能明显下降，尤其是伴随着黄淮海平原劳动力转向城镇以及农业机械的增加，有机肥、人力、畜力输入的明显下降，因此可像发达国家学习采取高机械化农业耕作系统，因而较好的方法继续增加机械能来缩减诸如种植和除草等一类的手工操作。尽管人们对有机肥的重要性有足够的认识，但因费时费力，有机肥的投入相当缺乏，因而发展生物肥具有重要的意义。

生态系统净能值产出与系统的缓冲能力密切相关。较高的净能值产出将会有较高的系统缓冲能力，且能忍受较强的外来干扰和较大的系统自波动（Odum，1989）。因而黄淮海平原作物亚系统的缓冲能力趋向下降，可能由于耕地及其种植的多样性失去以及肥料的浪费。尽管牧业亚系统能值产出增加，农业生态系统的能值效率下降，表明牧业亚系统的比例相对较小。因此，农业生态系统的缓冲能力是不明显的。黄淮海平原具有一定的科技和产出。基于增加的能值投资率，黄淮海平原应该匹配可更新有机肥，以便减少农业生产的花费。较高的环境负载率意味有较高的科技发展，区域发展水平和环境压力在世界上处于一般水平但有加剧的趋势（Lan and Lu，2002）。

减少的耕地和快速增加的人口需要更多的食物，我们通过农业生产系统获得更多食物的能力取决于耕地以及不同的能值形式。黄淮海平原是中国一个重要的农业产区，种植业总产值为全国的19.08%~20.66%，但耕地面积只有中国的12.3%~16.12%。伴随着对有限资源日益增加的需要，黄淮海平原的农业正面临严重的资源短缺和环境恶化问题，尤其是水资源危机（候满平，2004）。发展生物多样性的可持续农业不仅对黄淮海平原农民、牧场主以及当地的乡村环境来说是一个重要的议题，而且对我们所有人来说都是如此。幸运的是因1999年以来国家耕地占补平衡政策的实施使耕地失去得到一定程度的控制，这使区域粮食供给在经历连续五年的低迷时期后逐步恢复。然而对于未来农业的发展我们依然不能掉以轻心。

Savory把过去文明的失败归结为生物多样性的失去，并倡导资源的整体管理（HRM），其提供了一个框架，即包含多样性的实践，一个农场主拥有能最好地适应当地环境、经济和社会条件的经营选择范围（Deborah et al.，

1997)。日益增加的研究表明农业生态系统功能的内在规律很大程度上依赖于目前植物和动物多样性。关于可持续发展，一个关键的策略就是要恢复农业景观生物多样性功能（Altieri，1994）。一个新颖的农业生态方法目的就是要打破单一栽培的结构，利用植物和动物多样性的融合效应，其能增强复杂的相互作用、协作并优化生态系统的功能和过程，增加能值多样性，而且通过增加能值效率，提高整个系统的缓冲能力，贯彻整体资源管理（HRM）思想，进一步加大农业结构调整力度。缩减农业对工业辅助能尤其是肥料和农药的依赖性也是非常有利的。此外，还需注意的是要阻止耕地失去，控制人口增加，同时增加牧渔业的发展，并兼顾林业的发展，以提高系统的多样性。

4.5 小结

4.5.1 典型区分析

在前人地理分区的基础上，采用 ISOTATA ［Iterative Self‐Organizing Data Analysis Technique（A），迭代自组织数据分析技术（A）］模糊聚类分析法，对各个分区进行二级农业生态经济聚类分析，选择各分区综合情况处于中等的典型区，以黑龙港区、曲周县做重点分析，研究了其中 1965—2003 年种植业系统演替情况以及 1985—2003 年农业生态系统能值演替情况，然后分析 2000 年其他分区农业生态系统能值演替并同曲周县加以对比分析。研究表明：

(1) 中华人民共和国成立以来，曲周县种植业系统演替呈现正负效应

正效应表现为系统生产力提高，农作物播种面积、复种指数、单产和总产大幅度增加；农业总产值在国内生产总值的比例大大降低，其构成中比例变化最明显的是种植业下降和畜牧业上升。负效应表现为：一是其他粮食和经济类作物尤其是需要人力种植的作物或者市场形势不易把握的作物减少甚至消失，农作物多样性减少，单一化趋势明显；二是随着工业辅助能投入的增加，系统能效演替趋势为"增加—停滞—下降"；三是系统呈现人为性R-策略者时空效应，抗逆性差；四是土壤环境潜伏着影响可持续发展的生态隐患，如地下水超采、耗电增加以及由化肥、农药、农膜、污灌等引起的污染等。

(2) 1985—2003 年曲周县农业生态系统能值演替

曲周县农业生态系统年总投入能值和总产出能值均呈增加趋势，其中农业投能以系统以外的化石能投入为主，系统环境资源投能的绝对数也在增加，主要表现在对地下水的开采利用上；总产出能值先以种植业产出能值占绝对优势后演替为农牧结合同时兼顾林业和渔业发展的能值产出形式，但农牧业系统多样性降低；农业发展在全国居于较好水平，仍有较大发展潜力，但能值产出效率增加幅度减慢，系统连接网络不佳，优势度呈下降趋势，主要表现为林业和渔业的子系统能值产出占总产出的比例太低。

(3) 2000 年黄淮海平原各个分区农业生态系统能值对比分析

各个分区农业投能以系统以外的工业辅助能投入为主，系统环境资源投能的绝对数也在增加，主要表现在对区域水资源的利用上；总产出能先以种植业产出能占绝对优势后逐渐变为农牧结合同时兼顾林业和渔业发展的能值产出形式；各项主要能值指标演替分析表明各个分区向现代农业演替方向发展极其明显，系统远未达到高投入高产出状态，仍有较大的发展潜力。农业生态系统的运行态势较好，农业能值投入都相对较高，但能值产出效率以及资源（环境资源与社会资源）相配程度空间不均，以山前平原区、鲁西北区、江苏淮北区相对较好。其次是黑龙港区、豫东南区，而皖北区和鲁西南区相对较差。

同时农业生态系统特有指标分析表明，山前平原区、鲁西北区、江苏淮北区劳动生产水平较高，其他各区相对较低；系统优势度分析表明，江苏淮北系统结构总体生产单元相对较均衡，系统稳定性指数较高，其他普遍都以农业种植业占绝对优势，林业和渔业的子系统能值系统能值总产出的比例较低。

4.5.2 1985—2001 年黄淮海平原农业生态系统

工业辅助能投入的增加，使系统能值投资率增加，促使系统总能值产出增加，表现为农业能值产出呈现波动性增加，能值由种植业系统向牧渔业尤其是牧业方向流动，牧业和渔业均呈增加趋势，农业生态系统呈现出当一种资源能值耗竭时，能值由一种资源向另一种资源流动，这是农业结构调整的结果，从而促使系统可反馈能值、人均可反馈率、人均能值用量、能值密度均呈增加趋势，系统各组成单元均衡度增加，稳定度加强。但是环境-经济发展中不均衡的能值匹配，表现为不可更新工业辅助能投入过大，而可更新资源尤其是可更新有机肥投入过小，使系统能值投资率效率不佳，净能值产出率呈现波动性变化,环境负荷力增加,系统可持续发展性能指标下降,能值投资生产效率低下,并使环境负荷力增加,加大了生态环境的压力。黄淮海平原区人们总的能值消费、谷物性食物消费以及动物性食物消费都随着人口的增加而逐步增加,生活质量明显提高,这也是促使区域农业结果调整的动因之一。同时从可持续发展角度考虑,还应进一步落实耕地占补总量平衡政策,控制人口增长。

5 黄淮海平原农业生态系统演替机制分析

5.1 农业生态系统演替基础

本书所研究的农业生态系统演替主要体现在系统结构变化上，通常意义下，这种结构指的是针对农业活动对象不同划分的农林牧渔产业结构，而演替即体现在这种结构演变上。这种转变非常复杂，其变化的动因，也就是干扰通常来自自然和人为两个方面。自然干扰主要指的是与农业生态系统关系密切的自然要素的变化，如气候、自然地貌、土壤、生物以及各种自然灾害等，引起农业生态系统本身改变，使人类在对农业活动重新调整。如由于降水的变化使某些预期安排的农事活动改变甚至取消。自然特性的变化直接干扰农业生态系统的变化，驱动着区域农事活动的内容以及产业结构的组成特点。人为驱动主要来自社会、经济、技术、政策等方面的改变，使农业生态系统的构成改变。例如，人口增长和人民生活质量提高，不仅要求系统生产更多的农产品以满足发展的需要，还要求更多的土地来发展交通、建筑、居民点等其他用地类型，这就势必增加了耕地的压力，引起耕地质量的减少。另外，科技的发展、政策的制定都从多方面对区域农业生态系统的演替进行影响。需要指出的是自然驱动力虽然直接地作用农业生态系统，但由于其变化相对比较稳定，短时间变化不大，而人为驱动相对变化较快，短时间一个政策的制定或者市场的价格变动，就会使农业资源的支配方式发生变化，且效果明显，如我国实行的家庭联产承包责任制的实行，就在短时期极大地改观了区域农业生态面貌，显示了人为作用对系统的驱动作用快且效果明显。需要指出的是这种变化是在自然和人为的双重驱动下进行的。

5.1.1 区域资源环境为农业生态系统演替的基础

任何系统都处在不断变化中，组成农业生态系统结构任一要素的变化都可以引起系统的变化。地质活动、地貌变迁、气候波动、生物演替、环境改变等都可引起农业生态系统的变化。农业生态系统是人类文明起源,最早的农业系统指的就是自然农田生态系统,人类活动的对象就是种植一些简单的农作物。随着人类社会的发展,现在几乎无法找到这种由自然要素为主要驱动力的农业生态系统,绝大部分的土地利用变化都是在自然和人为驱动力的共同作用下发生的。自然要素所引起的农业生态系统变化往往都是相对缓慢的,而人类活动的驱动却大大加速了自然变化的过程进展,而且在短时期内(10年的跨度)就是农业生态环境加以改观,如黄淮海平原盐碱地的综合治理。

5.1.2 农业生态系统演替特点

由于农业生态系统演替是在自然和人为的诸多因素共同作样下发生的,是人类活动支配下的生态系统(Harper,1974)。因此,农业生态系统变化具有生态系统演化的特性,即非线性和多重反馈特性。非线性是指对于农业生态系统演替的复杂过程是由于受一系列的自然和人为的要素共同作用完成的,农业生态系统的变化是这些要素合力驱动的结果,而非简单的加和。这些驱动力之间可能是相长,也可能是排斥,在农业生态系统变化的过程中,在某一阶段某一驱动力可能占主导地位,当达到平衡状态后,则可能是由另一种驱动力占主导地位。显然,在如此复杂的系统中,是不可能呈现线性关系的。多重反馈是指由于农业生态系统演化的非线性,随着驱动力的不同作用,系统内部不断进行内在调节。由驱动力的逆向改变,使得有的农业生态系统在较短的时期内能够转变到初始状态,称之为可逆反馈,在生态学上称为可逆演替。土壤盐碱化以及盐碱地的综合治理就是一种可逆反馈。由简单驱动力逆向改变在短时间内无法恢复到初始状态,这种变化称之为不可逆反馈,至少在短时期内无法逆转,如由过去绿洲生态系统演变为今天沙漠的反馈。

5.2 系统演替的自然驱动力

自然资源基础。自然资源的数、质量及其地域组合在很大程度上影响着区域内的土地利用、农业布局和生产力水平,从而奠定了区域农业产业结构的基本格局。对于黄淮海平原,这些资源条件主要包括地貌条件和光热水土条件等的自然地理分异格局,奠定了本区农村产业结构的基础,以种植业为主的农业模式是区域农业生态系统最明显的特征。

5.2.1 气候驱动力

农业是对气候变化反映最为敏感的部门之一,气候变化通过影响区域作物种植制度、农作物品种布局来影响区域农业生态系统的农业发展走向。

(1) 光热驱动力

本区优越的光热条件,奠定了区域悠久的农业开发历史,使这里农田密布,种植业成为产业主体。区域光热条件与农业利用的关系密切,粮食作物的自然生产产量上取决于光热资源,区域年均温 10~15℃,日均温≥10℃的持续日数 200d 左右,积温 4000~4500℃,无霜期为 175~200d。热量条件南部能满足稻、麦或小麦、玉米一年一熟;北部则可两年三熟。区域日照时数为 2200~2700h,光合有效辐射为 459.8~543.4kJ/cm^2,若其他条件都满足的情况,本区光热潜力年亩产可达 1250kg(郭焕成,1991)。光热条件决定了农作物和天然植被的分布。黄淮海平原属于暖温带半湿润季风气候区,多年平均温度≥10℃,积温 4000~4800℃,由北向南递增,能种植玉米、甘薯、水稻、棉花等喜温作物,由北向南农作物可由一年一熟到一年两熟。温度的变化对农作物生长、生长季、生长范围、对农作物产量、对水分的有效性、对林牧的生产、对整个农业生产结构产生影响。

(2) 水分驱动力

水分与土地利用关系密切,水分的变化将引起将引起自然植被的变化,随着降水的变化,区域由干湿变化,植被也随之发生演替,由湿润区的森林植被向森林草原、干草原、荒漠方向演化。在农业土地利用上水分也会产生重要影响,如农作物的种类、耕作制度、生长季节等。对农作物来说,不同农作物所需求水分条件不同,从而决定了作物干湿地区不同的作物布局。黄淮海平原的降水由北到南递增,作物生长的种类也由耐旱性作物向需水性作物演替。

5.2.2 地貌条件驱动力

地貌条件是构成区域农业生态系统的重要基础,通过气候、自然资源的相关关系,影响农业生态系统作物生长的环境,进而制约了农业生态系统发展的方向。黄淮海平原的海拔高度一般都在 200m 以下,相对高度一般不超过 30m,地形平坦种植方式不可能发生很大的变化,但地表的起伏却能影响到农林牧用地的方式和具体栽培的措施。区域不同地貌类型区又形成了具有地域优势的不同土地利用方式和结构。如冀鲁豫低洼平原地带地势开阔，岗坡洼地相间分布，农业以棉粮油为主，洼地有部分牧业；淮北低平原地势低平，河网湖泊密度大，农业以粮棉油为主，兼有林果和淡水养鱼为主；滨海低平原农业以粮、牧、海水养殖为主；东部丘陵山地农业以粮棉花油麻果为主等（郭焕成，1991），地貌条件的不同可能引起农业利用的变化，是农业生态系统区域性特征的重要体现。

5.2.3 土壤驱动力

土壤是在成土母质、气候、地形、生物、时间等五大成土要素影响形成的，是区域农作物生长的重要基础，土壤因其质地、肥力和理化形状不同，影响农作物、植被的自然分布，形成了区域内不同的农作物生产优势，如在盐碱地区域，适宜种植耐盐碱的作物，如棉花、高粱、甜菜等，则不适宜种植小麦、甘薯等不耐盐碱农作物。黄淮海平原的冲积平原上局部高台地分布草甸褐土，质地多为中壤，有利于农作物生长。而在过去曾经广布的盐碱土，则不利用农作物生长，经过20世纪70年代以来的综合治理，土壤环境发生了很大的变化，区域农业生产步上了良性循环，农业产区的战略优势地位日益明显。

5.2.4 自然灾害驱动力

地球上各种自然变异，包括人类活动诱发的自然变异，给人类社会带来危害时，即构成自然灾害，包括地震、火山、旱灾、洪涝、冻害等。区域农业生态系统所面临的自然灾害常见的包括干旱、洪涝、病虫害、干热风等。自然灾害的发生形式不同，对农业生态系统的变化影响也不同。突发性的自然灾害可使农业生态系统在短时间发生改变，如地震、火山爆发等，都使区域农业生态系统瞬间失去生机。非突发性自然灾害虽不像突发性自然灾害那样明显，其严重后果会在若干年后显现，如黄土高原的千沟万壑，就使我们今天对照过去的地貌特征才突然发现的。

5.3 人为驱动力

5.3.1 社会因素驱动力

社会因素主要包括人口劳力状况、消费需求、市场需求、政策等方面。

(1) 人口对农业生态系统的影响包括来自人口的数量、密度、质量、结构、分布等

中国是人口大国，人口增长的压力对区域农业的发展造成了很大的压力。一方面，各种建设用地、居民点、交通用地的需求增加，增加了农业用地的压力，而人口对食物、木材、能源等方面的需求有需要更多的农业用地。因而某些地区耕地的增加往往靠侵占林草用地来获得，这势必引起生态环境问题。除了人口的数量外，人口的密度、结构等也直接和间接地影响农业生态系统开发利用的程度。人口密度越大，对土地利用的压力就越大，农业生态环境面临的压力也越大，黄淮海平原人口密度由1984年每平方千米549.7人发展到现在的683人，区域人口压力增大；人口结构中劳动力比例越高，对土地的开发就越快，对区域自然环境的影响也就越大。黄淮海平原耕地的开发程度高，平均由复种指数由1984年的150%发展到2000年的178%。同时劳动力的数量和质量、知识结构变化又是产业结构变化的前提，农村产业结构发展尤其使非农产业的发展多与农村地区剩余劳动力的多寡质量有关。

(2) 消费结构与市场需求

消费结构与市场需求相互联系、相互影响的，消费结构影响市场需求，并通过市场需求来体现；而市场需求又会影响消费结构，比如一种商品需求量大，价格就会升高，就会影响消费者对其的需求量，人们就会因为价格高转向需求别的替代。

(3) 政策因素

国家大政方针的制定、相关政策尤其是农业政策的实施，对土地利用的变化影响很大，从而影响农业利用方式，土地利用都是在一定的经济体制中进行。中华人民共和国成立以来，先后经过土地改革、人民公社组织、家庭联产承包责任制、社会主义市场经济等阶段。各阶段中的农业发展的政策尤其是不同的土地的权属政策，特别是改革开放后的政策对土地利用变化的影响非常深刻，同时伴随着经济体制从计划经济向社会主义市场经济转变的阶段，国家政策在黄淮海的乡村产业政策上过分偏重粮食、"以粮为纲"及人口政策，使农村地区人-耕地-粮食的供需矛盾得以缓解。农业用地的经营活动突破了过去以种植业为主的单一形式，经营方向开始向二元化甚至向三元化方向转变。另外，政策方面还通过投资政策、信贷政策和价格政策等宏观调控手段对市场进行调节，从而间接影响农业生产。

5.3.2 经济因素驱动力

经济因素对农业生态系统的影响,包括经济结构、经济发展水平、工业化和城市化程度、交通和商贸等方面。经济要素,这是制约产业结构形成的重要因素。首先,从投入和产出经济效益看,种植业投资较低,林牧渔需要有较高的栽培和饲养要求,需要有种子、饲料、销售等方面较完善的产前产中产后配套。从乡村农工商贸等产业结构的比较效益分析,则乡村工业能取得较好的效益。同时,乡村工业、农副产品加工业比例不高,这也同加工业效益低,深加工有与技术低下无力开展有关。其次,经济实力对于产业发展规模、产业的资金技术密集型需求产生影响,反过来也通过资金以工业反哺农业及其服务业等环节作用于产业格局。

经济结构对农业生态系统的影响,表现为产业结构的变化导致区域资源随着在产业上的再分配,从而产生了生态系统类型和结构的变化。在传统农业时期,工业化程度低,第一产业占比大,农业用地是土地利用的主要形式,城镇、工矿和交通用地占的比例很小。到了现代农业时期,由于工业化的迅速发展,使各种用地类型的增加,尤其是工业建设用地、建筑用地等的增加,农业用地就会随着缩小,农业用地缩小的过程,对农业生态系统生产能力要求加大,势必加大土地利用开发的强度,从而对系统环境带来负面影响。

同时,经济发展水平的提高,使人们生活水平不断提高,引起消费结构的变化,形成了不同的社会消费结构,因此就影响了对土地的利用形式,造成了土地利用类型和结构上的变化,从而改变了农业生态系统的利用类型。在仅求温饱的较低生活水平阶段,人们消费的层次低,对粮食的需求较大,耕地为主要的土地利用类型,种植业结构是粮食为主的结构。随着经济水平的发展、人们生活水平的提高,除粮食外,人们对动物性食物的消费需要增加,耕地的种植结构将加大对牧草用地的比例,从而推动农业生态系统能值流向第二性生产方向移动。

5.3.3 科技条件驱动力

科学技术是第一生产力,科学技术的进步,大大改变了农业生产的条件,尤其是20世纪60年代以来的旱涝盐碱综合治理和农田水利建设,大大提高了农业对自然灾害的抗御能力。耕作制度、土壤改良、肥料、农药、灌溉、机耕机收机播、农膜等生产技术的提高,极大地改善了农作物、畜牧、水产、林草等品种的环境条件,提高了系统生产力产量。黄淮海平原的生产技术发展迅速,科学技术投入的迅速增加,农业机械化、电气化、水利化速度提高以及由此带来工业辅助能的投入逐年增加,使平原区农业生态系统优势地位逐步增强。另外生物技术对农作物、畜牧、水产、林草等品种的改良,使区域得以获得了农业生产抗逆性强,丰产性能好的优良品种推广和间作套种,提高了农产品适应环境的能力,还提高了农产品的品质,使同样自然条件下粮食作物的单产水平不断提高,极大地提高了农业生产的能力,为调整种植业结构,扩大经济作物面积创造了重要条件,如太行山南麓的棉花布局已逐渐东移动到黑龙港低平原一带,这与生产技术提高,棉花逆能力提高有关,这种布局改变,对一个地区的农业产业结构格局发生深远的影响。

5.4 驱动力分析

5.4.1 理论方法

研究采用典型相关分析方法和多元回归方法。由于区域农业生态系统结构即为农业产业结构,利用典型相关分析来分析农业产业结构的变化,找出造成这种变化的驱动因子。典型相关分析是多变量的分析方法,它能发现一组相互有机联系的因变量与解释变量之间的关系。在分析过程中,一组变量作为解释变量。另外一组作为被解释变量。分析时,同时在解释变量和被解释变量中进行线性关系分析,将两种线性分析结果用转换矩阵进行运算,找出最大的相关数。典型相关分析使用时要求同时有多个解释变量和被解释变量,在被解释变量之间具有相关关系时最好。这样它能够发现解释变量和被解释变量间影响结构的复杂的关系。典型相关分析既可以进行结构分析,也可以进行功能分析,这是典型相关分析优于单变量回归的优势所在。

5.4.2 典型相关

利用典型相关分析进行时,用以反映解释变量和被解释变量的相关性。本书中被解释变量是农业产业结构的农业、林业、牧业、渔业四种类型,在具体相关分析中被解释变量为农林牧渔业产值,为了用农林牧渔总产值既可以反映结构的总体水平,又可以通过和林业、渔业对比揭示牧业在结构中地位;被解释变量是从数据库中选择出来的和土地利用及其变化关系密切的社会经济变量，包括总人口、农业人口比例、农业劳力、农林牧渔劳动力、种植业劳动力比例、林业劳动力比例、牧业劳动力比例、渔业劳动力比例、人均GDP、人均农作物播种面积、农机动力、灌排机械动力、农村用电量、化肥纯量、总播种面积、粮食单产、经济作物面积、肉总产、机耕面积、单位劳动力小麦净收益、单位劳动力蔬菜净收益、单位劳动力生猪净收益、单位劳动力蛋鸡净收益、单位劳动力奶牛净收益、单位劳动力水产品净收益等25项数据进入变量中。在研究中使用2001年黄淮海农林牧业产值数据，社会经济数据来自统计资料、调查资料，不完成的数据采用趋势插值法将缺失的数据补齐，以提高分析的自由度。

5.4.3 驱动力分析

如前面分析，影响区域农业生态系统演替的驱动力来自自然和人为两个方面。自然驱动力各个驱动因子一般相对稳定，短时期内变化不大，因此研究中不再分析，农业生态系统是一种以人为农业活动为主要驱动的生态系统，本书重点分析人为驱动力对农业生态系统的影响。

采用上述方法将平原区农业生态系统产值构成作为被解释变量Y，社会经济因子的变化作为解释变量X，进行相关分析，得到相关系数图5.1。

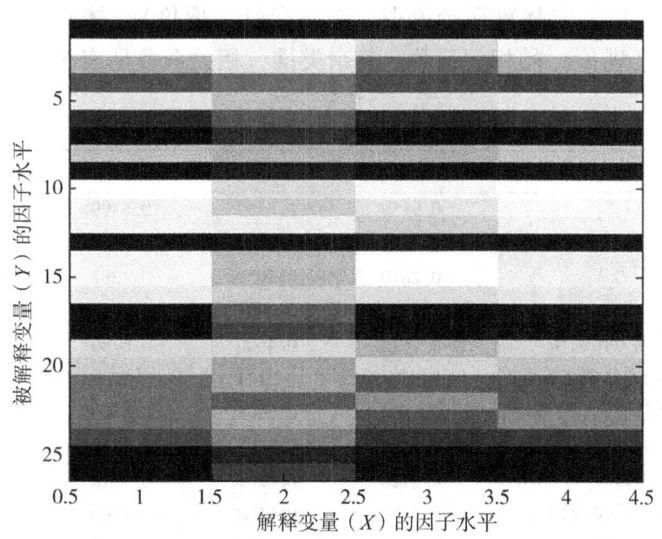

图5.1 黄淮海平原数据的相关系数图

注：不同颜色代表不同灰度值（颜色越深则灰度值越大，相关系数就越大）。

其中，每个属性的数据减去它们平均构成一个向量，计算它们之间的线性相关系数，即夹角余弦。图中的灰度值代表相关系数的大小，灰度越大，其值也就越大。

为了后面的描述方便起见，我们对每个项给出编码，具体如下。

对于被解释变量：Y_1 农林牧渔产值（现价）（万元），Y_2 农业值现（万元），Y_3 林业值现（万元），Y_4 渔业值现（万元）。

对于解释变量：X_1 总人口（万人），X_2 农业人口比例，X_3 农村劳力（万人），X_4 农林牧业劳动力（万人），X_5 种植业劳动力比例，X_6 林业劳动力比例，X_7 牧业劳动力比例，X_8 渔业劳动力比例，X_9 人均 GDP（元/人），X_{10} 人均农作物播种面积（hm^2/人），X_{11} 农机动力（kW），X_{12} 灌排机械动力动力（kW），X_{13} 农村用电量（$\times 10^4$ kW·h），X_{14} 化肥纯量（t），X_{15} 总播种面积（hm^2），X_{16} 粮食作物单产（kg/hm^2），X_{17} 经济作物面积（hm^2），X_{18} 肉总产（t），X_{19} 机耕面积（$\times 10^3 hm^2$），X_{20} 单位劳动力小麦净收益（元），X_{21} 单位劳动力蔬菜净收益（元），X_{22} 单位劳动力水果净收益（元），X_{23} 单位劳动力生猪净收益（元），X_{24} 单位劳动力蛋鸡净收益（元），X_{25} 单位劳动力奶牛净收益（元），X_{26} 单位劳动力水产品净收益（元）。

相关系数矩阵，列对应于被解释变量，每行对应于解释变量，例如第一行对应于总人口和农林牧渔产值现、农业产值（现价）、林业产值（现价）和渔业产值（现价）的相关系数，其余类推，相关系数见表 5.1。

表 5.1 黄淮海平原人口农业产业结构典型相关分析

项目	农业总产值	农业产值	林业产值	渔业产值
总人口 X_1	0.9159	0.8297	0.6799	0.8877
农业人口比例 X_2	-0.9269	-0.8826	-0.6521	-0.9023
农村劳力 X_3	-0.2810	-0.7059	0.1361	-0.2846
农林牧业劳动力 X_4	0.2988	0.0964	0.3056	0.3814
种植业劳动力比例 X_5	-0.7612	-0.4600	-0.6780	-0.7840
林业劳动力比例 X_6	0.5584	0.2171	0.5997	0.4980
牧业劳动力 X_7	0.8804	0.5033	0.8303	0.9152
渔业劳动力比例 X_8	-0.4406	-0.3423	-0.3130	-0.487
人均 GDP X_9	0.9728	0.6209	0.8818	0.9494
人均农作物播种面积 X_{10}	-0.9797	-0.6560	-0.8960	-0.9288
农机动力 X_{11}	-0.8358	-0.5201	-0.7150	-0.8903
灌排机械动力 X_{12}	-0.8288	-0.7983	-0.5264	-0.8528
农村用电量 X_{13}	0.9046	0.7258	0.6778	0.9367

(续表)

项目	农业总产值	农业产值	林业产值	渔业产值
化肥纯量 X_{14}	−0.8585	−0.4289	−0.9435	−0.8010
总播种面积 X_{15}	−0.8973	−0.3955	−0.9699	−0.8376
粮食作物亩产 X_{16}	−0.8130	−0.5456	−0.7017	−0.7787
经济作物面积 X_{17}	0.7723	0.2004	0.9432	0.7266
肉总产 X_{18}	0.8858	0.3597	0.9638	0.8933
机耕面积 X_{19}	−0.6529	−0.6579	−0.3456	−0.6293
单位劳动力小麦净收益 X_{20}	−0.5777	−0.2245	−0.6220	−0.4736
单位劳动力蔬菜净收益 X_{21}	0.0870	−0.1932	0.2392	0.2584
单位劳动力水果净收益 X_{22}	0.0709	0.1987	−0.0680	0.2103
单位劳动力生猪净收益 X_{23}	0.0696	−0.2762	0.2517	−0.0579
单位劳动力蛋鸡净收益 X_{24}	0.3289	−0.0082	0.4740	0.4478
单位劳动力奶牛净收益 X_{25}	0.8656	0.5855	0.7416	0.9280
单位劳动力水产品净收益 X_{26}	0.8226	0.4093	0.7888	0.8295

对于第一个被解释变量：Y_1 农业总产值（现价）（万元）和它相关度由高到低的前面 10 个顺序排列为：X_{23}，X_{22}，X_{21}，X_3，X_4，X_{24}，X_8，X_6，X_{20}，X_{19}。

对于第一个被解释变量 Y_1，我们根据相关的程度依次取 1~10 个解释变量进行线性回归，可以得到回归的系数和相应的回归残量，如图 5.2 所示。

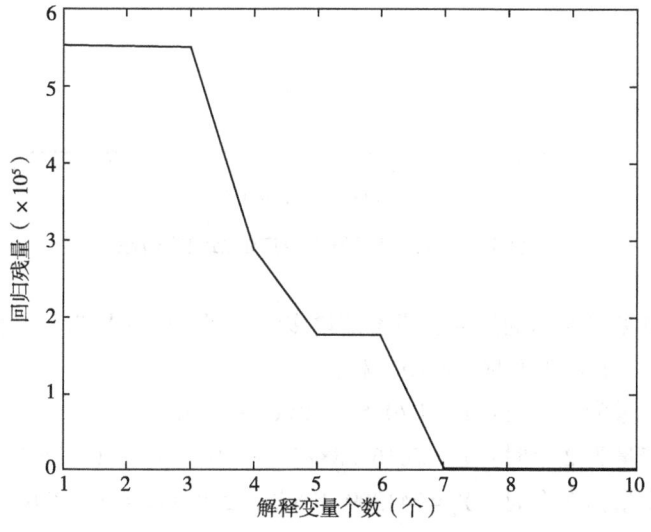

图 5.2 黄淮海平原农林牧渔业产值回归系数图

由此可见当回归的解释变量逐渐增多时，回归的残量为零。我们给出回归变量为1个、2个和3个时的回归方程：

解释变量为1个时：$Y_1 = 1770974.41 \times X_{23} + 355.64$

解释变量为2个时：$Y_1 = 1726723.39 \times X_{23} + 360.02 \times X_{22} + 2005.03$

解释变量为3个时：$Y_1 = 1647199.05 \times X_{23} + 410.19 \times X_{22} + 830.04 \times X_{21} + 2424.35$

余下的可以类似得到。

对于第二个被解释变量：Y_2 农总值现（万元）和它相关度由高到低的前面10个顺序排列为：X_{24}，X_4，X_{21}，X_{22}，X_{17}，X_6，X_{20}，X_{23}，X_8，X_{18}。

对于第二个被解释变量 Y_2，我们根据相关的程度依次取 1~10 个解释变量进行线性回归，可以得到回归的系数和相应的回归残量见图5.3。

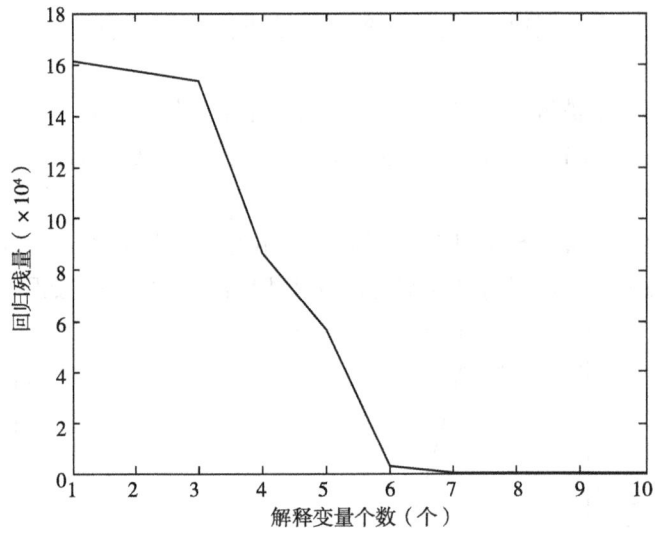

图 5.3　黄淮海平原农业产值回归系数图

由此可见当回归的解释变量逐渐增多时，回归的残量为零，得出回归变量为1个、2个和3个时的回归方程：

解释变量为1个时：$Y_2 = 870757.92 \times X_{24} - 14.73$

解释变量为2个时：$Y_2 = 76161.88 \times X_{24} - 610.31 \times X_4 + 11676.37$

解释变量为3个时：$Y_2 = 241309.17 \times X_{24} - 220.17 \times X_4 + 10936.11 \times X_{21} - 2623.45$

余下的可以类似得到。

对于第三个被解释变量：Y_3 林业值现（万元）和它相关度由高到低的前面 10 个顺序排列为：X_{22}，X_3，X_{21}，X_{23}，X_4，X_8，X_{19}，X_{24}，X_{12}，X_6，根据其相关的程度依次取 1~10 个解释变量进行线性回归，可以得到回归的系数和相应的回归残量（图 5.4）。

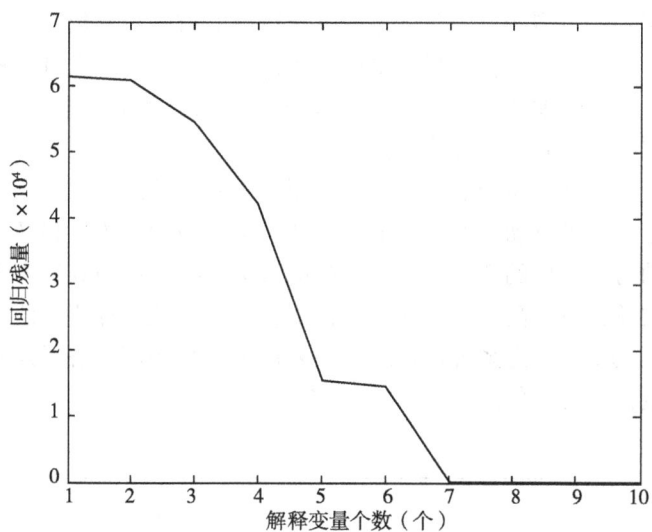

图 5.4 黄淮海平原林业产值回归系数图

由此可见当回归的解释变量逐渐增多时，回归的残量为零，可得出如下回归变量为 1 个、2 个和 3 个时的回归方程：

解释变量为 1 个时：$Y_3 = 46906.53 \times X_{22} - 211.06$

解释变量为 2 个时：$Y_3 = -112762.15 \times X_{22} - 11.62 \times X_3 + 942.53$

解释变量为 3 个时：$Y_3 = 812703.46 \times X_{22} - 2946.59 \times X_3 - 5171 \times X_{21} + 3377.13$

余下的可以类似得到。

对于第四个被解释变量 Y_4 渔业值现（万元）和它相关度由高到低的前面 10 个顺序排列为：X_{23}，X_{22}，X_{21}，X_3，X_4，X_{24}，X_{20}，X_8，X_6，X_{19}。

对于第四个被解释变量 Y_4，我们根据相关的程度依次取 1~10 个解释变量进行线性回归，可以得到回归的系数和相应的回归残量。

由此可见当回归的解释变量逐渐增多时，回归的残量为零，给出回归变量为1个、2个和3个时的回归方程：

解释变量为1个时：$Y_4 = 70271.16 \times X_{23} - 22.03$

解释变量为2个时：$Y_3 = 60643.89 \times X_{23} - 21.07 \times X_{22} + 436.22$

解释变量为3个时：$Y_3 = 46245.6 \times X_{23} - 11.99 \times X_{22} + 223.48 \times X_{21} + 438.94$

余下的可以类似得到。

从相关系数图5.1、各个产值回归图5.2至图5.5以及相关系数表5.1可产出，第一个典型变量的典型相关系数得出的被解释变量顺序为农林牧渔业、渔业、农业和林业；解释变量中关系比较密切的是总人口、牧业产品净收益、各种工业辅助能投入等，第二个典型相关系数被解释变量顺序为渔业、农林牧渔业、农业、林业产值。

根据以上典型相关分析，回归分析图，可知黄淮海平原区农产业结构主要由社会经济因子驱动，农业产值和林业产值的减少，牧业和渔业产值的增加主要驱动力是人口的消费拉动农产品的市场价格，从而表现为经营牧渔业的产品的效益相对较高，而农业相对低下，林业最低。林业产值相关性较低可看出，区域农业生态系统产业结构主要还是围绕经济效益展开的，而对系统的生态效益考虑欠佳。

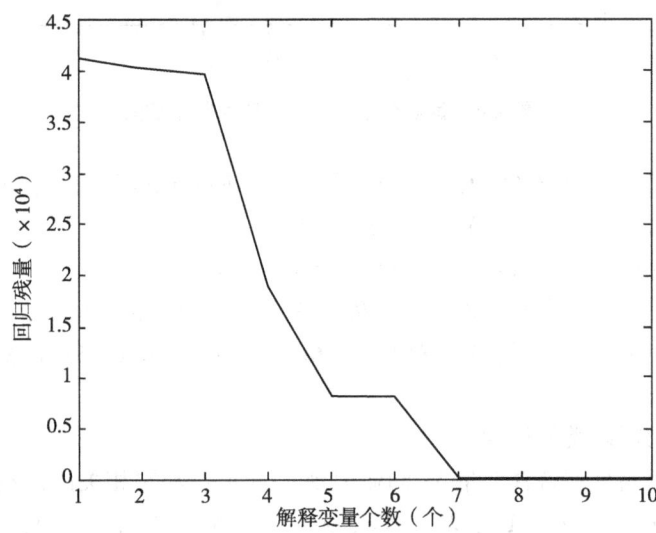

图5.5 黄淮海平原渔业产值回归系数图

5.5 区域农业生态系统演替机制

自然界各种复杂的系统都有一定的结构，研究系统结构的实质就是研究系统的规律。因为系统的规律就是系统结构的概括和总结，并且还要通过系统的结构反映出来，只有深入认识了系统的结构，才能掌握系统演替规律，沿着系统结构—涨落—功能范畴链在本质上是一种从相互作用的终极原因上揭示系统内在规律的方法。同样地研究区域农业生态系统演替也需要从系统结构做起，沿着系统结构—涨落—功能范畴链去揭示系统演替机制。

5.5.1 系统结构演替

区域农业生态系统结构即农业产业结构的演变，大致上沿着种植业内部扩大商品农产品面积（第一层次）—种植业以外扩大林牧渔产业部门（第二层次）—农业以外建立贸、工、商等新的产业部门（第三层次）这样一种序列，演变机制遵循所谓的"有序突破"原则。顺序性的产业结构演变是种渐进的过程，它是与生产力的发展要求相适应的；突破性的产业结构变革则取决于大的生产关系变革。如农村推行家庭联产承包责任制后大大提高了劳动生产率，促使农民务工经商和分工分业格局的形成，出现产业结构的重突破（郭焕成，1991），这种产业结构的演变，促使区域农业生态系统能量流动和物质循环逐步沿着由以种植业能值流为主逐步流向林牧渔再流向农业，以外贸、工、商这一序列演进，推动区域农业生态系统结构向多元化均衡化方向发展，从而有利于系统结构的稳定。

5.5.2 系统结构演替的动因和机制

（1）自然资源诱导

区域资源禀赋是决定区域农业生态系统产业结构最基础因素。从一般经济原理来看，由资源供给结构决定的投入要素价格水平，诱导着社会生产者按照经济合理性原则组合各种要素的投入比例，用相对廉价的要素替代相对昂贵的要素，以保证生产经营实现最佳经济效果和利润最大化目标。这就促使各种不同自然资源相对丰富占优势的区域凭借区域的自然资源去寻求发展，促使区域自然资源的物质循环和能量流动向着人类利益需求的方向发展。区域自然资源诱导使区域农业生态系统结构演替的内因，对整个系统的演替起着基础性作用。

(2) 需求市场拉动

需求市场即是消费需求和市场。消费需求通过产品的价格影响市场，拉动市场凸显能量流动和物质循环方向，进而驱动各区域农业生态系统产业结构向市场指示的物流和能流方向转移。消费需求拉动市场物能流循环是结构调整的首要原因，是农业生态系统演替方向的直接驱动力。随着我国人口的增加和收入水平的提高，特别是消费结构的变化，对农产品的需求结构发生了变化，从而拉动生产结构的变化成为拉动农业结构不断调整的主要动力。目前农业产业结构调整中种植业比例下降而牧渔业比例上升就是人们食物消费结构由以谷物性食物为主转向动物性食物需求加大的饮食结构的影响引起的。

(3) 经济科技推动

经济发展和科技进步是系统发展的最重要生产力。区域资源优势再好，如果没有经济和科技的驱动，其发展力度就会减慢。经济水平最直接的反映就是影响系统投能方式并从投能的质和量上影响系统生产能力，进而影响产业结构的变化，表现为经济发展水平好的地区能值投资率普遍较高，系统生产力高，产业结构多元化增加，系统相对较稳定。科学技术进步是推动产业结构变化的重要因素。产业结构主要表现为一定的生产技术结构。生产技术结构的进步与变动都会引起产业结构的相应变动，一旦生产技术发生变革，就会引发产业结构相应的改变，提高农业生态系统的生产力，加快系统能物流循环。

(4) 政策制度动力

政策宏观调控制度的调整是系统演替间接驱动力，多表现为通过经济杠杆作用产业结构进行调整，从而平衡因需求拉动市场带来的发展失衡现象。同时良好的政策制度一定程度上是有利于系统整体发展的，如我国家庭承包经营的农村基本经营制度宏观调控行为，大大拓展了农业经营主体的行为选择空间，这种政策制度，就是适应我国国情的农业产业化的道路。有效地调动了农民发展生产的积极性，促使人们资源有效地配置到生产性活动中。经济体制改革确立了农民独立的商品生产者地位，为农业生产结构的转变奠定了制度基础和前提条件，农村基本经营制度的长期稳定，都为农业产业结构调整奠定了充分的发展空间和制度基础，有利于合理均衡分配区域农业生态系统资源流动和物质循环。

任何系统演替都是在各种内因和外因作用下共同实现的。上述各个驱动因子中，自然资源自然驱动力，是系统组成最基本要素，奠定了演替物质基础，是系统演替的内在因子和前提条件，决定了系统演替的属性、特征以及能物流性质，对系统演替起着制导性作用；需求市场、经济科技及政策制度则是人为驱动力，如果不把农业生态系统看作人工生态系统，则可视为系统构成中的外在因子，影响着系统演替的速度以及能流循环途径，对系统演替起着推动性作用。各人为驱动力中，需求市场拉动是系统演替最重要的推动力，驱动着系统能量流动和物质的方向，而经济科技是加速这一流动的分力，政策制度则是调控平衡系统能物流手段，避免需求市场驱动下导致系统演替失衡行为。整个区域农业生态系统就是在这种内外因共同作用的合力下推动系统演替的。

5.6 小结

从系统的角度在阐述促使整个区域农业生态系统演替的各种内外驱动力（自然驱动力和人为驱动力）的基础上，采用典型相关分析方法和多元回归方法，着重分析了各个人为驱动力对系统的影响程度，进而揭示了系统演替机制，表现为：平原区农业生态系统演替的基本动因是，在自然和人为内外因双重驱动下，具有资源稳定性的自然生态子系统诱导驱动与具有需求波动性的社会经济子系统对自然资源无限需求的增长性驱动相互交织对立统一的过程；平原区农业生态系统的演替机制实质上是在人类需求驱动下，自然资源物质流和能量流呈人为定向性波动性演替，当一种资源衰竭，能值流效益相对低下时就会被另一种能值流效益较高的资源所替代，从而使区域整个农业系统能量流动和物质循环呈现波浪性流动过程，不断地推动整个区域农业生态系统中自然生态子系统与社会经济子系统之间供需矛盾由平衡到失衡再到另一个平衡方向演替。

6 黄淮海平原农业生态系统发展趋向

基于分析黄淮海平原农业生态系统运行态势，对未来农业生态系统结构即农林牧渔产业结构相关系统组成要素进行预测，在此基础上对未来农业生态系统进行能值化分析，以探讨区域农业生态系统未来发展走向。

6.1 黄淮海平原农业生态系统相关指标预测

6.1.1 耕地预测模型

耕地是人类社会必不可少的资源，耕地预测对未来农业生产、社会经济发展等诸多领域都有重要导向作用，黄淮海平原未来耕地面积的变化决定着主要粮食作物的播种面积的变化，从而也影响了水资源利用的变化，从更深意义上来论，还关系着该区的农业发展前景及全国的粮食安全问题，因此耕地预测在研究黄淮海平原农业发展时也非常重要。

基于1984—2001年的耕地数量，应用由于农业生态变化的自身特点，中长期时间尺度下的耕地预测成为耕地变化分析的重要手段。由于噪声的存在并随时间累积，传统的自回归滑动平均模型不能直接应用于时间序列的中期预测。本研究针对这种情况，提出了一种自适应的自回归滑动平均模型，将模型状态划分为无噪声的迭代模型和有噪声的观察模型，使得模型可以进行时间序列的中期预测。在详细推导并完整给出了它的迭代求解公式（附录二），针对黄淮海平原农业生态系统变化的特点，给出了黄淮海平原区耕地的中期预测，分析了耕地变化的特性，见图6.1。

从图6.1可以看出，黄淮海平原耕地从1984—1995年呈减少趋势，1995—2001年呈增加趋势，这是因为这一阶段国家耕地占补平衡政策的影响，从2001—2020年耕地呈现波动性变化，说明黄淮海在未来的发展中，耕地较少的趋势不可避免，可见黄淮海平原未来耕地资源非常稀缺，耕地需

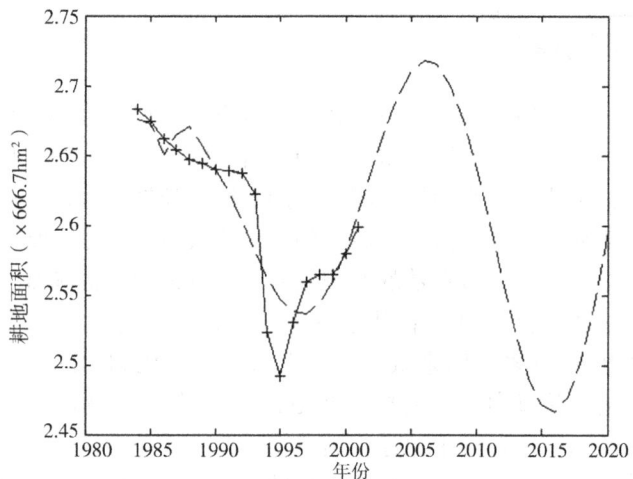

图6.1 黄淮海平原耕地面积预测

（注：带+的为实际数据，点线为预测数据，阶数 $r=4$）

求与各项用地需求的矛盾会越来越大。但由于耕地保护政策的影响，耕地数量在减少后会得到相应的补充。

同时机耕地变化反映黄淮海平原机械化程度，应用同样的模型，对机耕地进行预测（图6.2），发现其一直呈增加趋势，说明未来区域机械化程度还将进一步加强，农业现代化速度加快。

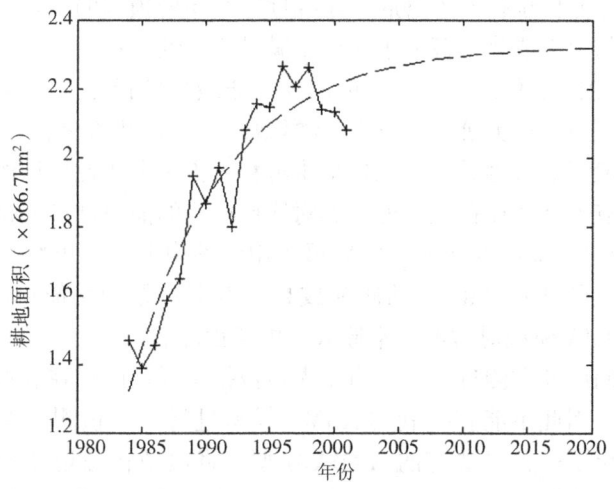

图6.2 黄淮海平原机耕地面积预测

（注：带+的为实际数据，点线为预测数据，阶数 $r=1$）

6.1.2 人口预测模型

一个国家或一个地区根据人口现状以及对影响人口发展的各种因素的假设，对未来某一时间人口规模、水平和趋势所做的测算，即为人口预测。按预测期的长短，预测可分为短期预测，中期预测和长期预测。预测的时间越长，各种因素变动幅度会越大，预料不到的变化会越多，预测结果与未来现实的差距就可能较大。人口总数的预测是人口预测最重要的和基本的内容之一，未来人口总数不仅本身有着独立意义，而且是进行其他许多预测的基础。中国改革开放20多年以来城市已经汇入了现代化和国际化的潮流，而农村却出现了边缘化倾向（朱宏彪，2005），"三农"问题已经严重影响了中国经济发展的速度。黄淮平原是中国一个重要的农业地区之一，气候兼南北之长，生态类型区多样，且拥有明显的城乡经济二元结构，要模型全面地衡量人们生活水平的变化，有必要划分城市人口和农村人口，而非农业人口占总人口的比例是常用的一种城市化测度指标，农业人口的变化则是影响这一测度指标的关键，预测区域农业人口变化不仅有助于了解城市化发展进程，加速小城镇建设步伐，而且对解决"三农"问题，提高区域经济增长速度具有重要的意义。

已有的人口预测模型和算法很多，其中自回归滑动平均（auto-regressive moving average，ARMA）模型由于其简单和有效性受到广泛的关注，它的理论分析也很深入彻底，是线性时间序列预测的主要工具之一。由于实际存在的生态或物理模型很难严格满足线性性，特别是在中长期时间尺度上，因此ARMA有很多推广，可以处理非线性的模型。一种方法就是利用非线性的建模，比如递归神经网络模型，但是这些方法由于其非线性特点，求解一般都非常困难，结果也很难解释，丢失了线性模型的易解释、简单实用的特点。其实还存在另外一类对线性模型的简单推广就是对原来的模型输入/输出进行非线性变换，然后再利用线性模型进行求解。这样可以很好地利用已有的线性ARMA的研究成果。本书正是利用简单的倒数变换，利用线性ARMA模型对黄淮海平原人口中期预测。

由于时间序列预测过程中，由于人口数据中噪声的存在和在预测过程中的累积效应，因此不能直接利用ARMA模型进行中期预测。本研究针对这种情况，提出了一种自适应的ARMA模型，将模型状态划分为无噪声的内部迭代模型和有噪声的观测输出。由于内部迭代模型无噪声，可以很好地进行中期人口预测。在自适应ARMA模型中，其参数和状态都是未知的，因此本质上它为非线性的模型。但当固定模型参数时，它变成了一个关于模型状态的线性模型，其解析解可以求得，这个解为模型参数的函数。这样模型的求解问题化为模型参数的非线性问题。本书详细推导并完整给出了模型的代价函数关于模型参数的梯度，利用梯度下降法，给出了模型参数的迭代求解公式。

总人口预测结果由图 6.3 可知，黄淮海平原未来人口数量还是保持增长态势，人口承载压力巨大。

同时，农业人口预测结果由图 6.4 可知，从 1985—1992 年农业人口随总人口呈现增加趋势，随后下降，到 1994 年后又开始基本呈增加趋势，只是幅度不大，且 2000 年后又缓慢降低趋势，说明黄淮海平原农业人口基数很大，城镇化速度在 1992—1994 年速度较快后开始减慢，也反映了区域农业发展面临着较大的农业人口压力。

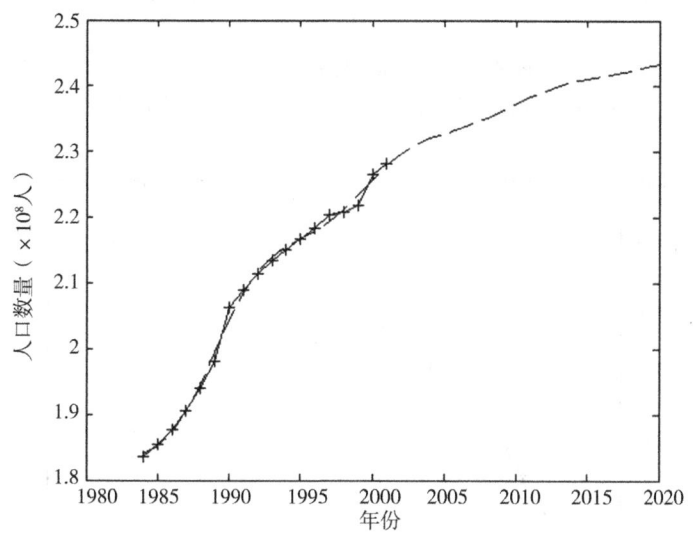

图 6.3　黄淮海平原总人口趋势

（注：带+的为实际数据，点线为预测数据，阶数为 $r=6$）

6.1.3　人均 GDP 预测

利用同样的模型预测分析黄淮海平原 1991—2001 年的人均 GDP 时间序列。由图 6.5 可以看出，其增长呈曲线上升趋势。

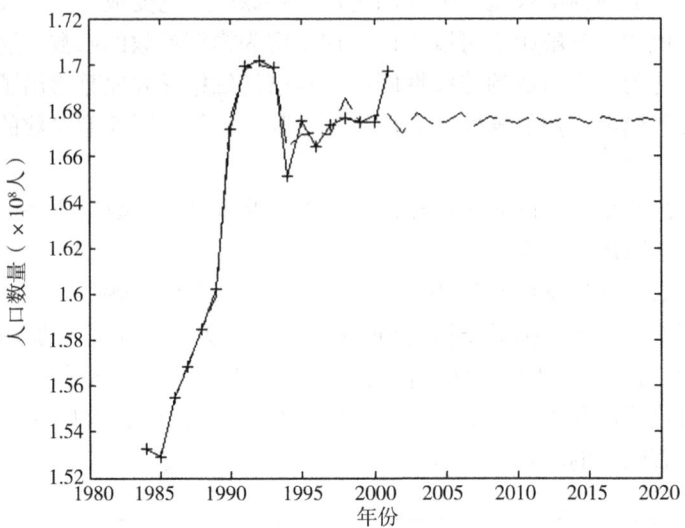

图 6.4 黄淮海平原农业人口趋势

(注：带+的为实际数据，点线为预测数据，阶数为 $r=4$)

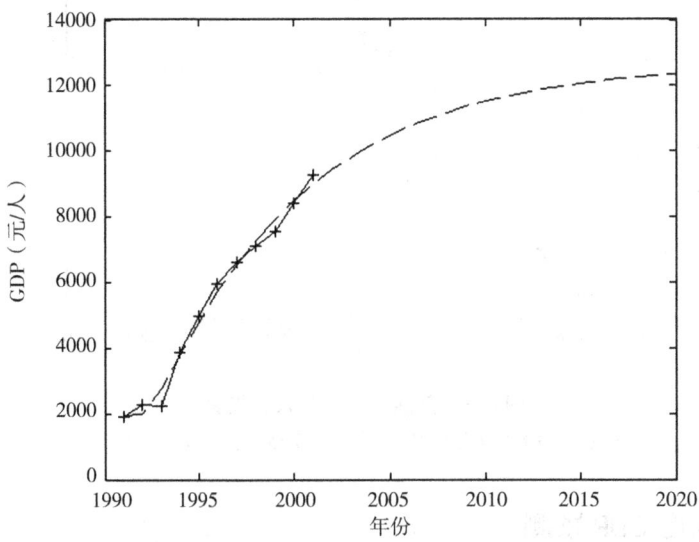

图 6.5 黄淮海人均 GDP 趋势

(注：带+的为实际数据，点线为预测处理数据，阶数为 $r=2$)

6.1.4 居民消费结构预测

基于黄淮海平原1984—2001年居民消费时间序列,利用上述同样的模型预测了平原居民消费,预测模型为:

$$y = 813.322 t^{0.6881}$$

$$R^2 = 0.984 \quad F = 445.01 \quad \text{Sig.} = 0.000$$

式中,y代表预测年居民消费值(元);t代表预测年(1993年为基期年,取其t值为1)。

6.1.5 农业工业辅助能投入预测

农业工业辅助能包括农业机械、燃油、化肥、农药、农膜、农业用电等各项投入。黄淮海平原是我国重要的农业产区,农业工业辅助能的投入强度很大,为了预测该区域未来的农业投入情况,以便进行能值化分析,应用上述同样的自回归滑动平均模型对区域农业工业辅助能投入进行分析,相关分析见图6.6至图6.10。

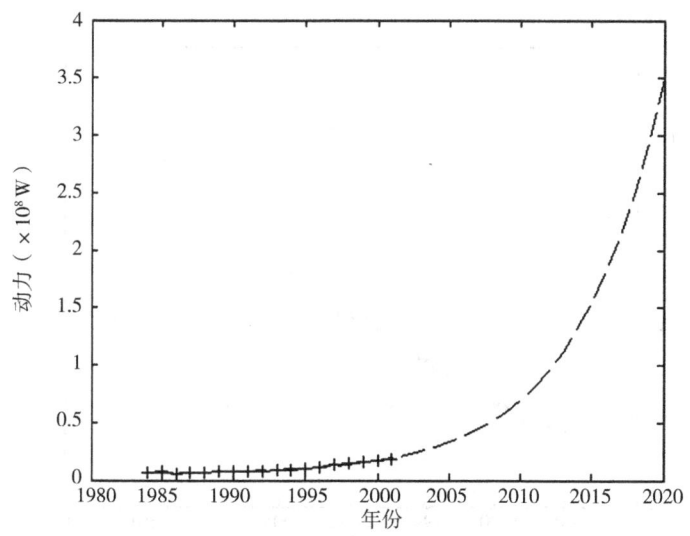

图6.6 农机动力趋势

(注:带+的为实际数据,点线为预测处理的数据,阶数为$r=1$)

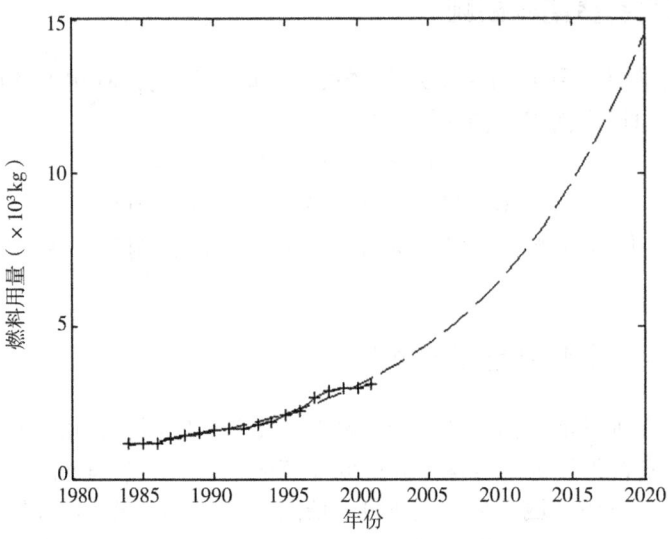

图 6.7　燃油用量趋势

（注：带+的为实际数据，点线为预测处理的数据，阶数为 $r=1$）

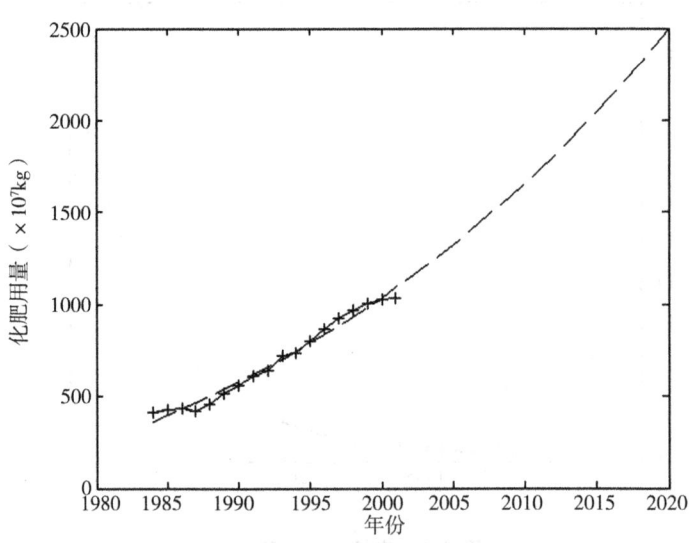

图 6.8　化肥用量趋势

（注：带+的为实际数据，点线为预测处理的数据，阶数为 $r=1$）

6 黄淮海平原农业生态系统发展趋向

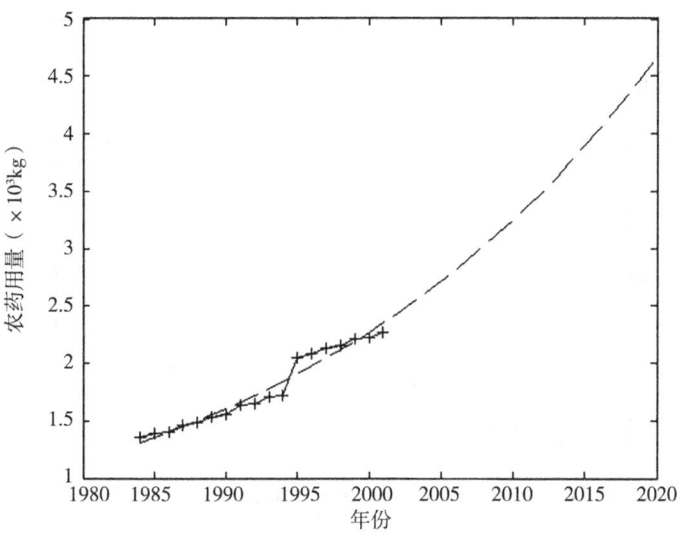

图 6.9 农药用量趋势

（注：带+的为实际数据，点线为预测处理的数据，阶数为 $r=1$）

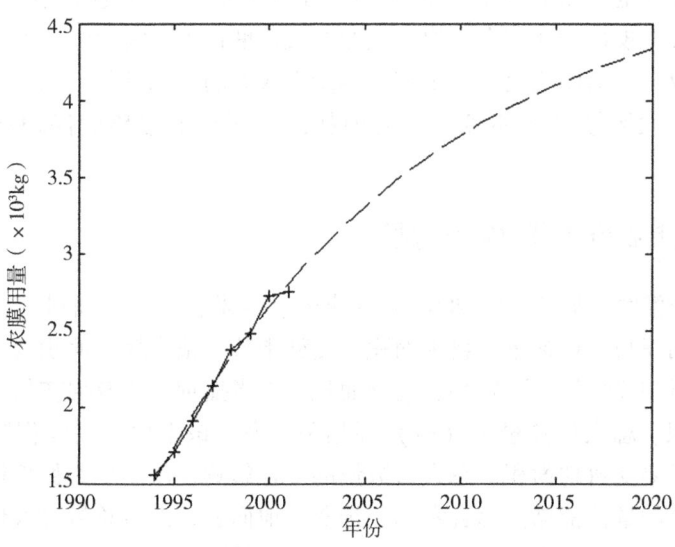

图 6.10 农膜用量趋势

（注：带+的为实际数据，点线为预测处理的数据，阶数为 $r=1$）

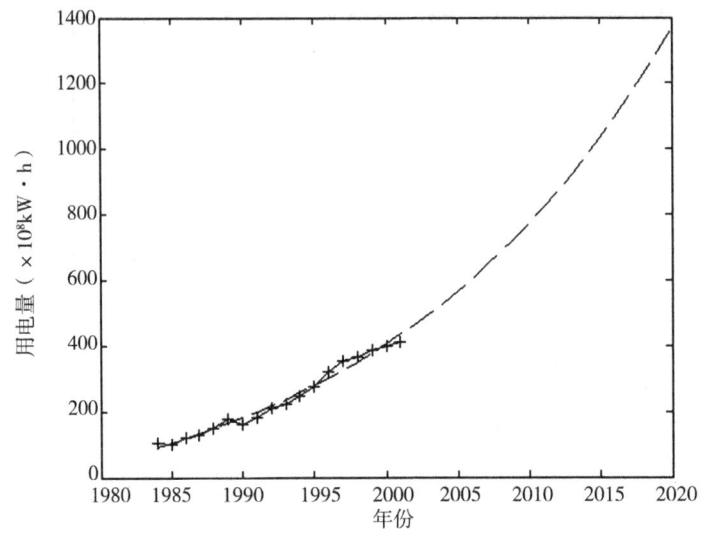

图 6.11　农业用电量趋势

(注：带+的为实际数据，点线为预测处理的数据，阶数为 $r=1$)

从图 6.6 至图 6.11 看出，未来的黄淮海平原农业的战略优势地位仍然在加强，农业现代化速度在加快，农业投入强度很大，需要注意的是这种高强度的农业工业辅助能投入是不符合能量投入波动型原理的，如果不加以调节，势必加大区域自然环境资源的消耗，不利于生态环境保护和可持续发展。

6.1.6　主要农作物播种面积预测

应用黄淮海平原 1984—2001 年的小麦、玉米、棉花、油料等各主要农作物播种面积与人口数量、耕地面积、复种指数、粮食播种面积及总播面积等数据进行相关分析，可知小麦播种面积、玉米播种面积及棉花的播种面积与耕地面积、总人口数量呈（较）强相关，说明该平原三大农作物的播种面积变化主要受耕地面积、总人口数量的变化影响，从而也为保障粮食安全提供了具体的量化依据。综合考虑，选取耕地面积、人口总量对农作物播种面积进行模拟预测，得出模型分别如图 6.12 至图 6.17 所示。

6 黄淮海平原农业生态系统发展趋向

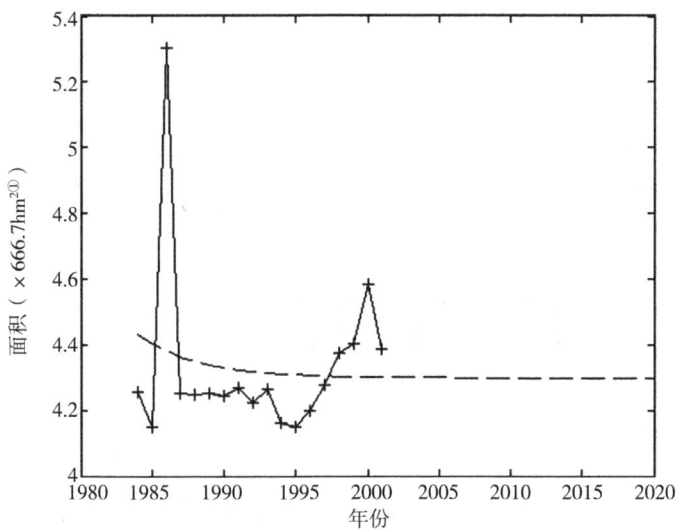

图 6.12　农作物播种面积趋势

（注：带+的为实际数据，点线为预测处理的数据，阶数为 $r=1$）

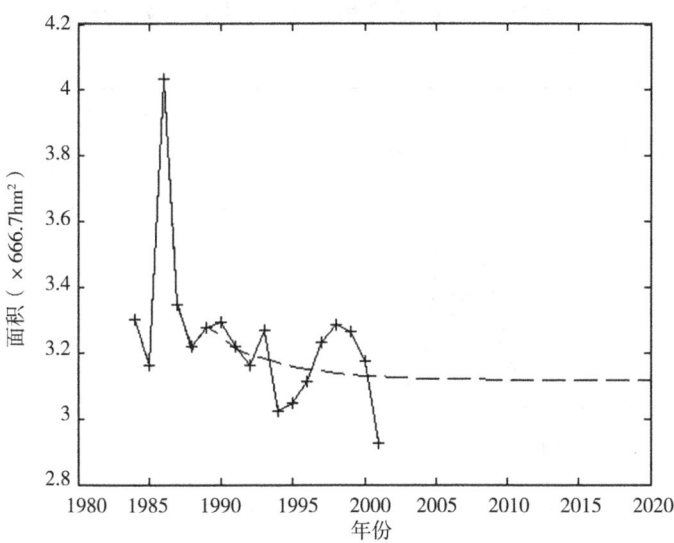

图 6.13　粮食作物播种面积趋势

（注：带+的为实际数据，点线为预测处理的数据，阶数为 $r=4$）

---

① 1万亩 = $1/15 hm^2 \times 10000 \approx 666.7 hm^2$。

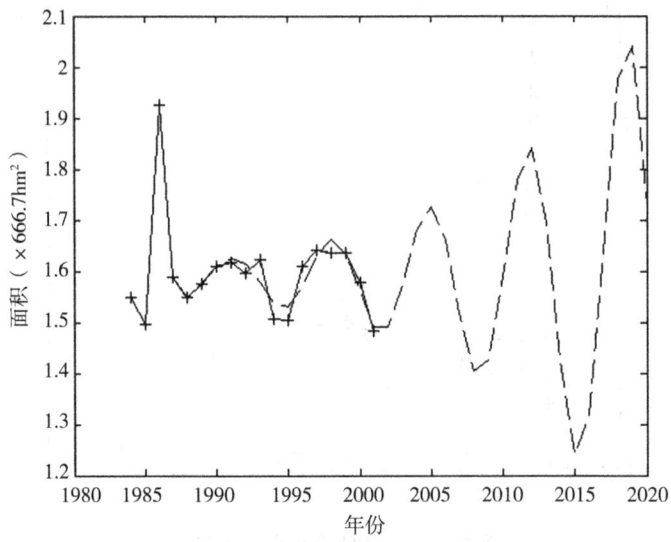

图 6.14　小麦播种面积趋势

（注：带+的为实际数据，点线为预测处理的数据，阶数为 $r=4$）

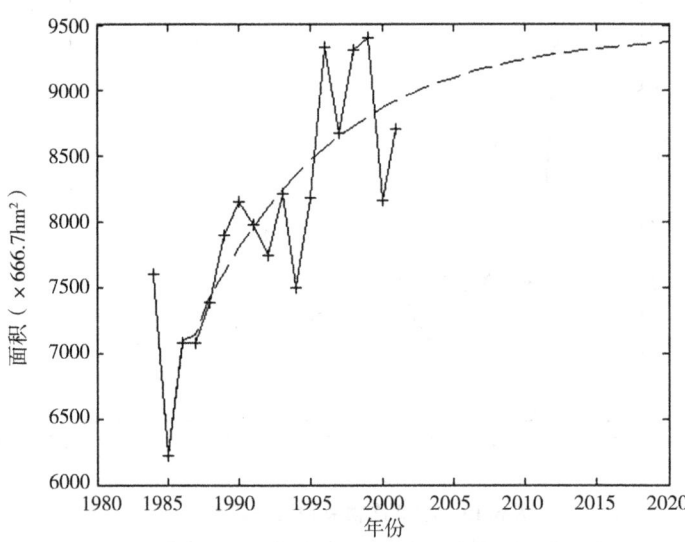

图 6.15　玉米播种面积趋势

（注：带+的为实际数据，点线为预测处理的数据，阶数为 $r=2$）

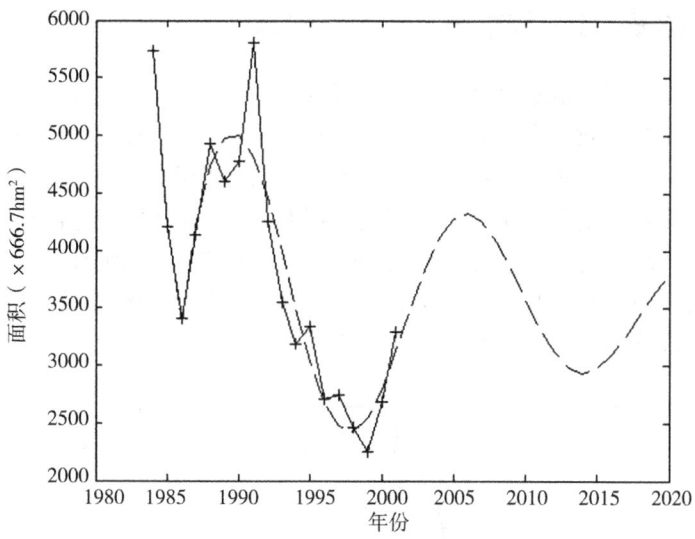

图 6.16 棉花播种面积趋势

(注:带+的为实际数据,点线为预测处理的数据,阶数为 $r=4$)

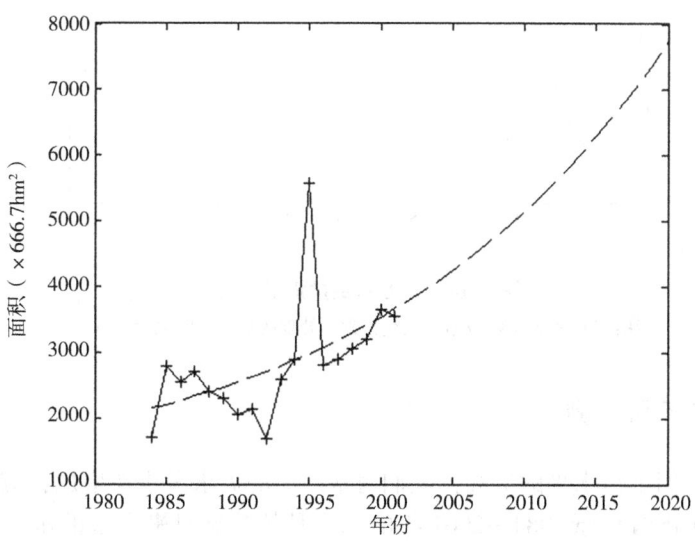

图 6.17 油料作物播种面积趋势

(注:带+的为实际数据,点线为预测处理的数据,阶数为 $r=1$)

6.1.7 黄淮海平原主要家畜及其产品预测

近年来，为了克服种粮效益低下的现状，我国大力进行了农业结构调整，取得了显著成效，尤其是牧业的发展得到了一定的提升。作为种粮优势区域，黄淮海平原农牧结合高效畜牧业发展模式逐步得到发展并推广。为了评价区域农业发展走向，本书再次采用自回归滑动平均模型对黄淮海平原主要家畜和畜产品进行预测，相关模型如图6.18至图6.24所示，从图可知，平原区主要家畜及其产品呈现增加趋势，区域未来结构调整中牧业发展进一步加大，系统能值流继续向牧业方向流动。

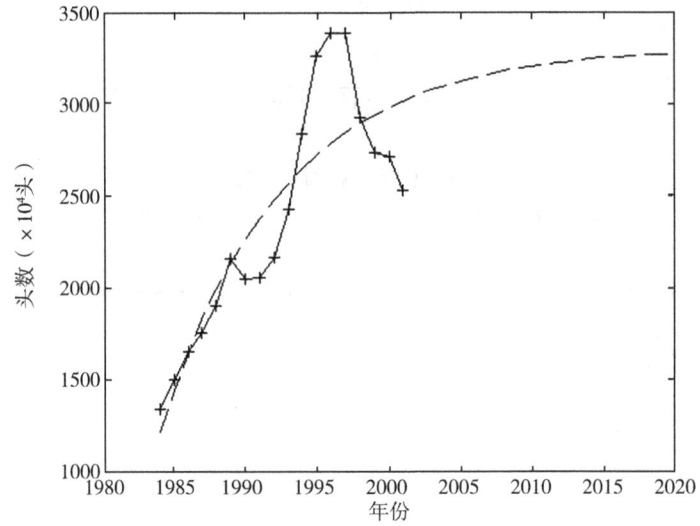

图 6.18　大牲畜头数演变趋势

（注：带+的为实际数据，点线为预测处理的数据，阶数为 $r=1$）

6.1.8 水产品预测

随着人们生活水平的提高，人们对水产品的需求量也在增加，应用上述模型基于黄淮海平原1984—2001年的水产品的数据对平原区的水产品进行相关分析，得出预测模型。由图6.25可知区域水产品生产呈现增加趋势。

6 黄淮海平原农业生态系统发展趋向

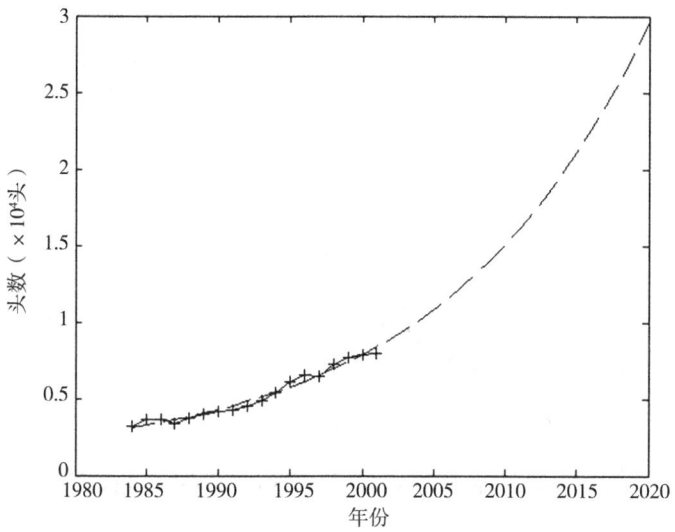

图 6.19　猪头数趋势

（注：带+的为实际数据，点线为预测处理的数据，阶数为 $r=1$）

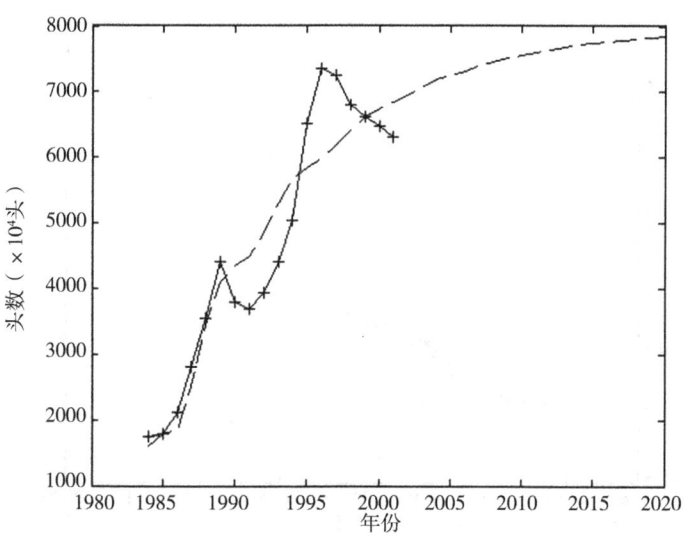

图 6.20　羊只数趋势

（注：带+的为实际数据，点线为预测处理的数据，阶数为 $r=3$）

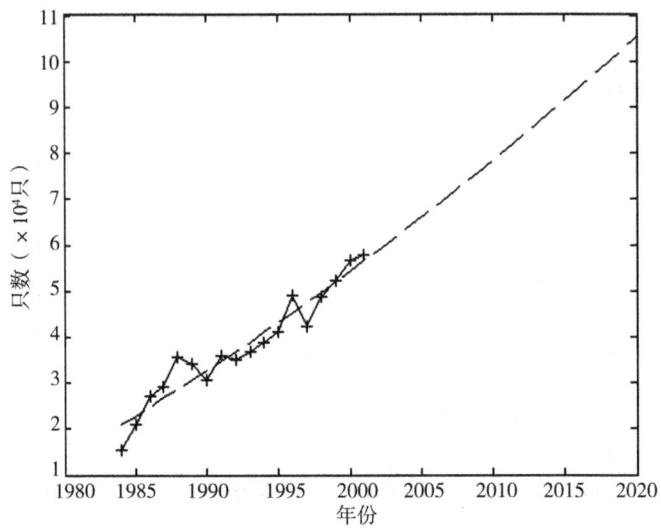

图 6.21 家禽数量变化趋势

(注：带+的为实际数据，点线为预测处理的数据，阶数为 $r=3$)

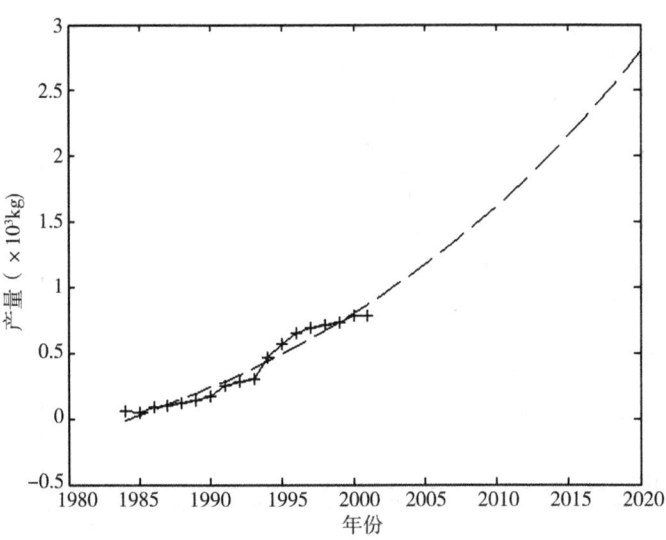

图 6.22 禽蛋产量趋势

(注：带+的为实际数据，点线为预测处理的数据，阶数为 $r=1$)

6　黄淮海平原农业生态系统发展趋向

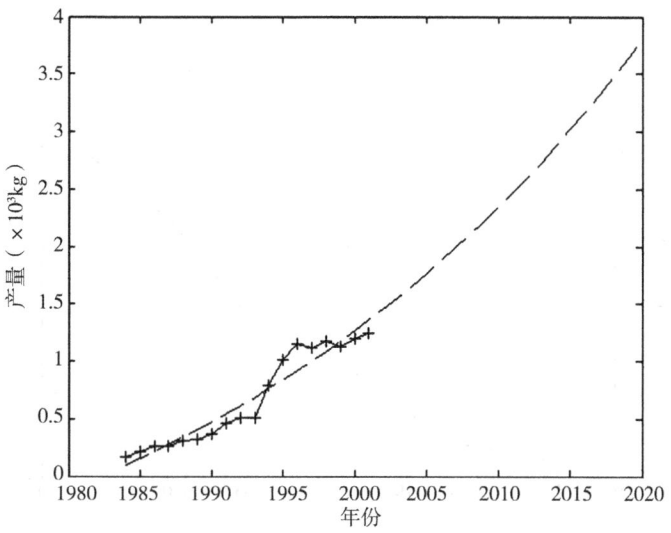

图 6.23　肉类产量趋势

（注：带+的为实际数据，点线为预测处理的数据，阶数为 $r=1$）

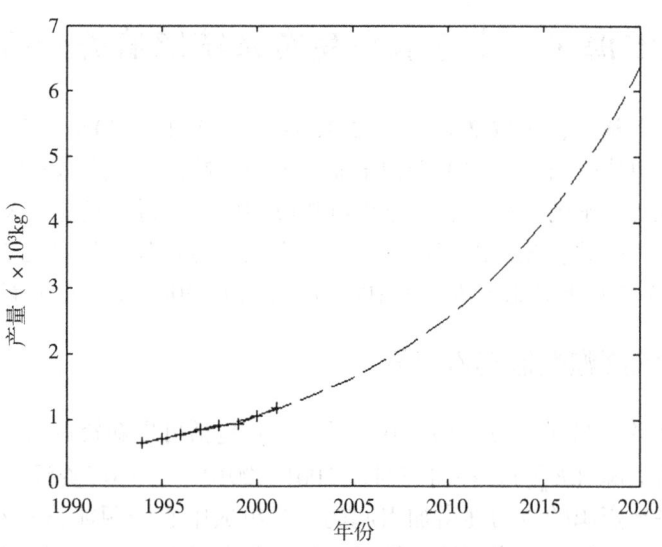

图 6.24　奶类产量趋势

（注：带+的为实际数据，点线为预测处理的数据，阶数为 $r=1$）

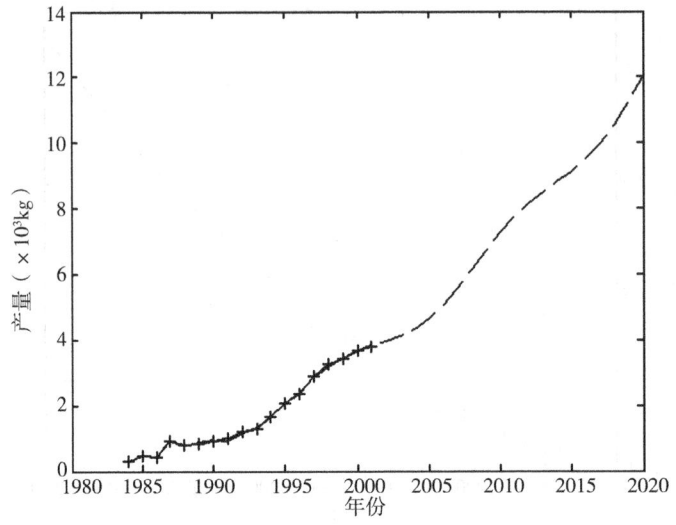

图 6.25 水产品产量演变趋势

(注：带+的为实际数据，点线为预测处理的数据，阶数为 $r=6$)

6.2 黄淮海平原未来农业生态系统能值流分析

通过以上预测，选取 2005 年、2010 年、2015 年和 2020 年四年的相关数据进行能值化分析，其中关于种植业产出的数据，在假定未来粮食单产水平保持现在的水平的情况下，通过预测相应的面积获得，其他相关的换算问题和前面计算一致，相应的能值化投入产出及其能值指标体系见表 6.1、表 6.2，同时为了便于对比分析，表中特列出平原区 2001 年的有关能值。

6.2.1 系统资源能值输入方面

总的环境资源（E_{mI}）。如表 6.1 所示，它包括可更新资源（E_{mR}）和当地不可更新资源（E_{mN}）。在研究时段 2001—2010 年，环境资源呈波动性变化是由于耕地资源的波动性增加引起的，其组成中水资源能值基本上增加，说明农作物对水资源的依赖性，但同工业辅助能相比来说，区域可更新环境资源依然是有限性增大，但幅度比较小，说明区域可更新资源的有限性，也表明只要不遇到极端情况，如大旱、大涝等，只要注意水资源的灌溉方式，区域种植业系统用水不会给水资源的利用造成太大的压力，可以实现种植业用水的可持续良性循环。不可更新资源（E_{mN}）是表土层净损失，是高频率利用的不可更新环境资源，其主要也是随着耕地的较少呈缓慢减少趋势，也说明耕地减少的因素依然存在以及保护耕地的重要性，同时它在总的输入能值（E_{mI}）中，占有相对较小的比例，表明系统作物生长在很大程度上不再依赖于土壤的自然肥力，而主要受工业辅助能投入的影响，这必然要影响土壤生态环境自然更新能力，这种人为干扰还会引起土壤侵蚀，不利于土壤自然形成。总辅助能（E_{mU}）。包括化石能和可更新有机能。化石能依然是未来农业生态中最重要输入能值，在所有的化石能中，电力和肥料，机械能均占绝对的比例，其各组分均呈明显增加，表明系统农业现代化程度在增强，用环境资源与不可更新资源投入组成呈波动性增加的理论来衡量，系统环境资源与不可更新资源呈不均衡发展趋势。对于可更新有机能来说，除了人力、有机肥随总体呈缓慢增加趋势外，种子呈缓慢下降趋势，其中种子能值减少是由耕地减少和农业良种化的作用引起的，畜力从2001—2015年呈减少趋势，减少基本上是由农业机械化操作引起的，这反映区域农业现代化的进程但从2015年到2020年有略有增加，这证明在耕地总量平衡保护中部分耕地质量下降，从而使机械化耕作无法保证。同时有机肥增加的速度依然过小，施用的范围较少，在预计未来的农业发展中有机肥依然多用在蔬菜作物的栽培上，对于大面积栽培的主要大田作物来说，化肥仍然是作物肥力的主要来源。这种化肥投能过大、有机能投入不足的现象在未来区域农业的发展中依然存在并且有加重的趋势，区域农业生态系统发展依然呈现不可持续的因素，怎样实现区域大田作物土壤有机肥的培肥作用任务还很严峻，尤其是在农业机械化速度加快的情况下。生态系统的自组织发展效率要求系统输入要考虑最小因子限制理论，但系统一种因子输入过小成为限制因子时，其他输入过大并无益于生物量的增加，这就要求农业生产中要注意可更新资源和不可更新资源的合理匹配，以提高各输入能流的利用效率。

6.2.2 系统能值产出方面

农业生态系统结构即农林牧渔产业结构中，其能值产出（表6.1）在2001—2020年，区域总能之产出呈增加趋势，表现在牧业和渔业持续增加，而种植业能值产出呈现波动性变化，但2010年能值产出依然高于2001年，但增加的幅度相对牧渔业来说较小。这说明种植业系统效益仍然相对低下，而牧业和渔业相对效益较大。同时从人们食物的消费能值预测来看，其也随着人口的增加呈现增加的趋势。人口总消费呈增加趋势，基于已有人口能值消费结构可知,虽然谷物性能值消费和动物性能值消费均增加,但动物向能值消费增加相对较快,且预计在未来的人口消费中还会进一步增加,必将驱动区域能值流向渔业和牧业方向流动,但种植业作为第一性生产,其基础性地位仍然不变,其保持动态平衡是维持和支撑整个区域的可持续发展重要支柱。因此,在注重结构调整的同时仍然不能忽视粮食安全的底线。同时林业建设要兼顾生态保护和经济发展,以保持系统良好的生态环境。

表6.1 2001—2020年黄淮海平原农业生态系统能值投入产出

单位:sej/a

项目	2001年	2005年	2010年	2015年	2020年
太阳光($\times 10^{20}$)	8.960	9.343	9.104	8.519	8.947
雨水化学能($\times 10^{21}$)	9.394	9.795	9.545	8.932	9.381
雨水势能($\times 10^{20}$)	5.381	5.611	5.468	5.117	5.374
水资源($\times 10^{21}$)	8.848	9.617	9.661	9.480	10.760
可更新资源E_{mR}($\times 10^{22}$)	1.824	1.941	1.921	1.841	2.014
表土层损失($\times 10^{20}$)	6.702	6.988	6.810	6.372	6.693
不可更新资源E_{mN}($\times 10^{20}$)	6.702	6.988	6.810	6.372	6.692
环境总投入E_{mI}($\times 10^{22}$)	1.891	2.011	1.989	1.905	2.081
燃油($\times 10^{21}$sej)	9.008	9.770	10.120	10.250	10.300
电力($\times 10^{22}$)	8.335	11.430	15.570	20.860	27.630
肥料($\times 10^{22}$)	3.442	4.412	5.527	6.825	8.339
农药($\times 10^{20}$)	3.636	3.814	3.893	3.924	3.937
农膜($\times 10^{19}$)	10.440	12.560	14.320	15.590	16.490
农业机械($\times 10^{22}$)	3.698	6.552	13.820	30.690	69.840
工业辅助能(E_{mF})($\times 10^{22}$)	16.422	23.418	35.982	59.456	106.890
种子($\times 10^{20}$)	0.9970	1.0110	0.8448	0.8103	1.0160
有机肥($\times 10^{20}$)	2.069	2.4813	2.6002	2.6796	3.1376
人力($\times 10^{22}$)	5.8270	5.7218	5.8460	5.9090	5.9190
畜力($\times 10^{20}$)	1.9100	1.6350	1.2730	0.5946	1.0230
可更有机能E_{mR1}($\times 10^{22}$)	5.877	5.773	5.893	5.949	5.971
总辅助能E_{mU}($\times 10^{23}$)	2.230	2.919	4.188	6.541	11.29

(续表)

项目	2001年	2005年	2010年	2015年	2020年
总能值投入 E_{mT}（×10²³）	2.419	3.120	4.386	6.731	11.490
种植业 E_{mY1}（×10²³）	2.262	2.639	2.549	2.514	2.767
牧业 E_{mY2}（×10²³）	6.107	8.616	11.500	14.950	19.100
渔业 E_{mY3}（×10²¹）	41.469	50.599	79.067	99.500	131.480
总产出 E_{mY}（×10²³）	8.784	11.761	14.843	18.463	23.184
总消费（×10²³）	2.591	2.678	3.111	3.621	3.823

6.2.3 系统能值指标

黄淮海平原农业生态系统能值分析指标如表6.2所示。主要指标解释如下。

表6.2 2001—2020年黄淮海平原农业生态系统能值指标体系

指标	2001年	2005年	2010年	2015年	2020年
环境资源比率	0.0782	0.0645	0.0453	0.0283	0.0181
工业辅助能比率	0.6790	0.7505	0.8203	0.8833	0.9299
可更新有机能比率	0.2430	0.1850	0.1340	0.0880	0.0519
购买能值比率	0.9220	0.9360	0.9550	0.9720	0.9820
能值投资率	8.683	11.644	18.083	31.212	51.367
净能值产出率	3.939	4.029	3.544	2.823	2.054
环境负荷力	9.039	12.099	18.770	32.327	53.107
系统优势度	0.506	0.500	0.496	0.494	0.495
系统稳定度	0.852	0.860	0.870	0.877	0.883
人均用量（×10¹⁵ sej/人）	1.425	1.863	2.621	4.021	6.864
能值密度（×10¹¹ sej/m²）	7.243	9.342	1.313	2.015	3.114
可持续发展性能指标	2.618	2.213	1.011	0.892	0.792

未来系统的环境资源（E_{mI}）比率与可更新有机能（E_{mR1}）比率仍呈缓慢下降趋势，而工业辅助能（E_{mF}）比率及购买能值（E_{mU}）比率还呈增加趋势，这表明未来研究区农业生态系统保持着现代农业发展的速度，系统投

能来源还是主要倚重系统外投能支撑农业生态系统的发展。未来区域农业生态系统的投能结构将进一步拉大可更新资源和不可更新资源的不相匹配的距离。不均衡的能值匹配虽然增加了产量，但也因此不仅浪费了不可更新工业辅助能，还加重了区域生态环境的压力。20 世纪环境-经济发展中能值匹配情况不均衡的现象加剧。因此，为了提高系统的自组织功能，保持系统可持续发展，目前当务之急就是从行动上采取措施，应该改变系统投能结构，加大可更新资源特别是可更新有机能的投入。

未来系统的能值投资率大大增加，能值产出率从 2001 年增加到 2005 年后，开始呈下降趋势，到 2020 年为 2.056，甚至比 2001 年的 3.939 还低。这是黄淮海平原农业生态系统的特点，来自人类为了经济利益从事农业活动对农业生态系统带来的巨大的冲击，购买能值越高，生产的花费和能值投资率也越高。高的能值投资率引起更多的环境能值和其相匹配，它可能减少自然成本，因而降低了农业生产能力（Odum，1992），这表明黄淮海平原农业生态系统拥有较强的经济反馈能力，但能值产出率的下降说明未来的黄淮海平原农业生态系统发展的强度在加大，能值产出率已经大大降低，系统资源效率相对效益低下。这再次说明了系统环境资源与不可更行资源呈现严重的不均衡现象。潜在的限制因子的积累凸显了区域可更新资源有限性，降低系统能值可持续再循环能力。

环境负荷力也继续增加，从 2001 年的 9.039 增加到 2020 年 53.107，表明黄淮海农业生态系统拥有较好的科技水平的同时，生态环境的压力也在加大。未来系统的环境保护问题仍然很严峻。

系统优势度下降，稳定度增加。未来农业结构调整成效显著，农业生态系统各个结构单元趋向均衡化，增加了系统的稳定性，同时值得一提的是农业结构调整应该有个限度，在结构调整的同时，农业尤其是种植业的基础性地位不容忽视，应该重视农业种植业的发展，同时结构调整时要考虑区域的农业生产特点，不能一味地强调结构调整而忽视了区域资源基础驱动力特点。

人均能值用量、能值密度均呈增加趋势，但系统可持续发展性能指标趋向降低，说明区域农业生态系统的经济发展速度加快，但农业发展水平还有待提高，同时系统的可持续的下降要求再次反映了区域农业发展过程中面临着巨大的环境压力，今后农业发展要重视生态环境的保护。

总之，未来区域农业生态系统发展的最明显特点就是系统购买能值投入尤其是工业辅助能投入仍然增加，引起系统能值投资率增加，促使系统总能值产出增加，表现为农业能值产出呈现波动性增加，牧业和渔业均呈增加趋势，这是农业结构调整的结果，促使能值由种植业系统向牧渔业尤其是牧业方向流动，表明了系统的自调节功能，当一种资源减少，能值投资率效益低下的时候，系统自调节的功能将促使能值流向另一个资源相对丰富能值投资率效益较高的方向流动，从而使系统可反馈能值、人均可反馈率、人均能值用量、能值密度均呈增加趋势，系统各组成单元均衡度增加，稳定度加强。但是系统能值投资率效率不佳，表现为净能值产出率呈现波动性变化，环境负荷力增加，系统可持续发展性能指标下降，这是系统投能结构不佳造成的，体现了人工生态系统下系统外人为性投能的主观性特点，具体表现为不可更新工业辅助能投入过大，而可更新资源尤其是可更新有机肥投入过小。这种环境-经济发展中不均衡的能值匹配虽然使经济得到了一定的发展，总能值产出增加，带来更多的反馈传输到环境界面，因此提高了生产，增大了能值投资率，但生产效率低下，并使环境负荷力增加，加大了生态环境的压力，如果不注意改变系统投能结构，势必削弱了由系统结构调整带来的系统结构的稳定性，降低系统的可持续发展能力。因此，未来研究区农业发展方向应该在继续调整系统结构的同时，改变系统投能结构，降低系统工业辅助能的投入，针对区域可更新环境资源的有限性实际，进行工业辅助能的投入，并加大有机肥的投入，使环境-经济发展中不可更新资源与可更新资源更好匹配，从而提高能值产出效率，降低环境负荷力，增大系统的稳定性，以保持系统的可持续发展。考虑到有机肥投入的不方便性问题，可以通过发展生物肥弥补有机肥的缺陷，使系统有机肥的投入也能快捷、省时、省力和高效。另外，研究区人们总的能值消费随着人口的增加而逐步增加，这说明当地人们食物结构趋向最佳化，生活质量明显提高，这也是促使区域农业结果调整的动因之一。同时从可持续发展角度考虑，结构调整要有个限度，要因地制宜，不能脱离区域实际而一味地去强调农业结构调整，同时还应该进一步落实耕地占补总量平衡政策，控制人口增长，使区域农业生态系统在发展周期内的能正向演替，在发展周期间能平稳过渡的可持续发展。

总之，黄淮海平原农业发展战略应立足于区域自然资源、区位条件及其在全国农业发展中的地位等诸因素，在实践中应以区域农业生态系统演替机制、可持续发展理论、结构调整原理为指导，基于区域资源特点及人类需求方向，有针对性的优化系统投能结构以及农业产业结构，并要进一步落实保护耕地和人口控制政策，力求通过规范人的社会经济活动，使区域在注重社会效益、经济效益的同时，能很好地兼顾生态效益，力求实现以"三效"

益相融合的区域可持续发展战略。

6.3 小结

基于1984—2001年黄淮海平原农业生态系统相关农业投入产出数据的基础上，对2001—2020年农业生态系统相关农业投入产出数据进行趋势预测，分析表明黄淮海平原农业生态系统能值资源（环境-社会）能值不均衡相配程度加大，能值投资率进一步增加，能值效率降低，环境负荷力增加，系统可持续指数增加；农业产业结构调整力度增加，系统组成单元均衡度及稳定度增加，能值流进一步由农业向牧渔业方向流动；人均能值用量增加，人民生活水平提高。系统可持续发展应建立在优化投能结构和产业结构的基础上，在发展周期内的能正向演替，在发展周期间能平稳过渡并实现社会效益、经济效益和生态效益相融合的可持续发展。

7 结论与建议

7.1 结论

基于国内农业生态系统及其相关研究的基础，本书着重从系统论、生态系统演替理论及可持续发展理论等方面就区域农业生态系统演替提出理论结合点和支持依据，然后分析研究了中华人民共和国成立以来特别是 1978 年改革开放以来黄淮海平原农业生态系统现代化演替进程，进而预测分析了系统未来发展趋势并提出区域农业发展的相关建议。主要结论如下。

一是区域农业生态系统是复杂的人工生态系统，应具有一般系统和生态系统演化特征，各种不同的区域农业生态系统就是在长期的自然和人类的双重作用中发展演化而来的，无论物质系统演化，还是由生命主导的农业生态系统演替，都遵守着那些物质运动的最本质运动规律，而且它们的发展过程非常相似。

二是区域农业由传统农业向现代农业演替过程中，种植业系统演替呈现一系列特征，表现为土地利用结构中种植业用地占有相当大的比例而牧业用地萎缩，种植业结构逐步向小麦、玉米、棉花和油料、蔬菜瓜类方向集中；系统呈现出生产力提高，农业总产值比例降低，畜牧业上升的正效应；负效应表现为：种植结构单一化，投能效率下降，系统呈现人为性 R-策略者时空效应，抗逆性差、土壤环境潜伏着影响可持续发展的生态隐患。

三是区域农业生态系统的时间演替表现为：系统结构即产业结构均衡度增加，稳定性加强；系统投能结构呈现不均衡状态，能值投资率增加，系统产出增加，但效益降低，环境负荷力加大，系统可持续指数下降。

四是区域农业生态系统空间演替表现为：区域农业生态系统呈现不均衡状态，表现在系统产业结构均衡度和稳定度以及能值产出效率以山前平原区、黑龙港区、鲁西北区、江苏淮北较好，其次为豫东南区、鲁西南区、皖北较差，且投能不均衡现象严重，表现为能值投资率虽高，但效益低下。

五是平原区农业生态系统演替的基本动因是，在自然和人为内外因双重驱动下，具有资源稳定性的自然生态子系统诱导驱动与具有需求波动性的社会经济子系统对自然资源无限需求的增长性驱动相互交织对立统一的过程；平原区农业生态系统的演替机制实质上是人类需求驱动下，自然资源物质流和能量流呈人为定向性波动性演替，当一种资源衰竭能值流效益相对低下时就会被另一种能值流效益较高的资源所替代，从而使区域整个农业系统能量流动和物质循环呈现波浪性流动过程，不断地推动整个区域农业生态系统中自然生态子系统与社会经济子系统之间供需矛盾由平衡到失衡再到另一个平衡方向演替。

六是未来区域农业生态系统发展趋势：就是系统购买能值投入尤其是工业辅助能投入仍然增加，引起系统能值投资率增加，促使系统总能值产出增加，表现为农业能值产出呈现波动性增加，牧业和渔业均呈增加趋势，从而使系统可反馈能值、人均可反馈率、人均能值用量、能值密度均呈增加趋势，系统各组成单元均衡度增加，稳定度加强。但是系统能值投资率效率不佳，表现为净能值产出率呈现波动性变化，环境负荷力增加，系统可持续发展性能指标下降，这是系统投能结构不佳造成的，体现了人工生态系统下系统外人为性投能的主观性特点，具体表现为不可更新工业辅助能投入过大，而可更新资源尤其是可更新有机肥投入过小。这种环境-经济发展中不均衡的能值匹配虽然使经济得到了一定的发展，总能值产出增加，带来更多的反馈传输到环境界面，因此提高了生产，增大了能值投资率，但生产效率低下，并使环境负荷力增加，加大了生态环境的压力，如果不注意改变系统投能结构，势必削弱了由系统结构调整带来的系统结构的稳定性，降低系统的可持续发展能力。

7.2 建议

一是未来黄淮海平原农业发展方向应该在继续调整系统结构的同时，改变系统投能结构，降低系统工业辅助能的投入，针对区域可更新环境资源的有限性实际，进行工业辅助能的投入，并加大有机肥的投入，使环境-经济发展中不可更新资源与可更新资源更好匹配，从而提高能值产出效率，降低环境负荷力，增大系统的稳定性，以保持系统的可持续发展。考虑到有机肥投入的不方便性问题，可以通过发展生物肥弥补有机肥的缺陷，使系统有机肥的投入也能快捷、省时、省力和高效。另外，随着人口的增加，黄淮海平原区人们总的能值消费逐步增加，食物结构趋向谷物性食物降低，动物性食物增加，生活质量明显提高，这也是促使区域农业结构调整的动因之一。同时从可持续发展角度考虑，结构调整要有个限度，要因地制宜，不能脱离区域实际而一味地去强调农业结构调整，同时还应该进一步落实耕地占补总量平衡政策，控制人口增长数量。

二是分析研究黄淮海平原农业生态系统空间演替时，因平原面积大，条件复杂，各个分区代表点的数据难以收集齐全，只能以某一年多能值化分析，不能详细地对每个典型区农业生态系统历年演替做详细分析，今后加强各地区资料的收集工作，同时尽可能做到以实地考查为基础，理论与实际相结合，为更科学地制定区域农业发展区划作前期基础。

三是由于黄淮海平原区域范围大，各个分区的农业活动方式不同，从而引起能量换算系数和能值换算系数的差异，今后应该加强各个分区能值系数测换工作，使各个区域资源能值化分析能更好地体现区域的能值流动。

四是关于黄淮海平原农业投入预测虽然只是趋势预测，但需要指出的是未来的农业投入主要是工业辅助能的投入，且在很长时间内还会持续增加，环境压力加大，应该加以高度重视并采取切实有效的措施。

参考文献

白硕，刘剑飞，吴江，2003. 加入WTO与我国农业技术创新的战略选择 [J]. 农业技术经济 (2)：32-35.

陈阜，2001. 农业生态学 [M]. 北京：中国农业大学出版社.

陈志恺，2002. 持续干旱与华北水危机 [J]. 水利规划设计 (4)：3-6.

程维信，1992. 农业生态学进展概述 [C]//当代生态学博论. 北京：科学技术出版社.

蔡运龙，1995. 持续农业及其中国态势 [J]. 地理学报，2：97-106.

丁圣彦，宋永昌，2003. 演替研究在长绿阔叶林抚育和恢复上的应用 [J]. 应用生态学报，14 (3)：423-426.

董合忠，尹宗元，1996. 棉花不同栽培途径的比较研究 [J]. 山东农业科学 (3)：12-14.

杜青林，2003. 中国农业和农村经济结构战略性调整 [M]. 北京：中国农业出版社.

郭焕成，1991. 黄淮海地区乡村地理 [M]. 石家庄：河北科学技术出版社.

郭军，任国玉，2005. 黄淮海流域蒸发量的变化及其原因分析 [J]. 水科学进展，16 (5)：666-672.

韩纯儒，1993. 我国农业生态学发展现状与展望 [A]//中国生态学发展战略研究 [C]. 北京：中国科学技术出版社.

侯满平，2004. 黄淮海平原农业结构调整及农业发展战略研究 [D]. 北京：中国农业大学.

胡淑君，1994. 农业生态系统研究概述 [C]//我国中亚热带东部地区农业生态类型成因与发展机制研究. 北京：科学出版社.

黄磊，2001. 金融制度创新的几个理论问题 [J]. 当代财经 (6)：36-39.

纪从亮，俞敬忠，刘友良，等，2000. 棉花高产品种的产量构成特点[J]. 江苏农业学报，16（1）：25-30.

江洪，张艳丽，JAMES R S，2003. 干扰与生态系统演替的空间分析[J]. 生态学报（9）：1861-1876.

解宗方，1999. 农业科技创新特征与创新战略[J]. 科技进步与对策，16（4）：8-10.

蓝盛芳，1995. 试论达尔文进化论与协同进化论[J]. 生态科学（2）：167-170.

蓝盛芳，钦佩，2001. 生态系统能值分析[J]. 应用生态学报，12（1）：129-131.

蓝盛芳，钦佩，陆宏芳，2002. 生态经济系统能值分析[M]. 北京：化学工业出版社.

李保国，李韵珠，石元春，2003. 水盐运动研究 30 年（1973—2003）[J]. 中国农业大学学报（S1）：5-19.

李保江，1998. 城市就业压力下的农村人口城市化与农业劳动力转移[J]. 云南社会科学（6）：58-64.

李季，1995. 农业发展研究中生态系统分析模式探讨[C]//中国的可持续发展研究——从概念到行动. 北京：中国环境科学出版社.

李文体，刘向华，冯谦诚，2001. 河北省地下水超采区划分及超采状况分析研究[J]. 水资源保护（4）：26-30.

李新平，2000. 中国生产农业的理论基础和研究动态[J]. 农业现代化研究，21（6）：341-344.

李新平，黄进勇，2001. 黄淮海平原麦玉玉三熟高效种植模式符合群体生态效应研究[J]. 植物生态学报，25（4）：476-782.

李永胜，2004. 人口预测中的模型选择与参数认定[J]. 财经科学（2）：68-72.

梁文举，武志杰，闻大中，2002. 21 世纪初期农业生态系统健康研究报道[J]. 应用生态学报，13（8）：1022-1026.

林国先，2001. 市场化制度变迁与中国农业发展[M]. 北京：中国环境科学出版社.

林毅夫，2000. 再论制度、技术与中国林业发展[M]. 北京：北京大学出版社.

刘巽浩，1992. 持续农业种种谈[J]. 世界农业（1）：18-20.

刘巽浩，韩湘玲，1985. 作物布局、种植制度与农业生产结构研究黄淮海平原"六五"科技攻关报告论文集之五［M］. 北京：北京农业大学出版社.

刘彦随，倪绍祥，1996. 沿海经济发达地区农业可持续发展的模式与对策［J］. 经济地理，16（5）：89-94.

卢现祥，1996. 西方新制度经济学［M］. 北京：中国发展出版社.

陆宏芳，蓝盛芳，陈飞鹏，等，2004. 农业生态系统能量分析［J］. 应用生态学报，15（1）：159-162.

骆世明，1997. 农业生态学近年研究领域与研究方法综述［J］. 生态农业研究，7（1）：19-22.

骆世明，2001. 农业生态学［M］. 北京：中国农业出版社.

马世骏，1987. 中国的农业生态工程［M］. 北京：科学出版社.

马世骏，王如松，1984. 社会-经济-自然复合生态系统［J］. 生态学报，14（1）：1-9.

苗东升，1998. 系统科学精要［M］. 北京：中国人民大学出版社.

牛若峰，刘天福，1984. 农业技术经济手册［M］. 北京：农业出版社.

NORGAARD B，1987. 协同发展——农业的一个选择性范例［C］//农村生态系统研究国际学术讨论会论文集. 北京：中国环境科学出版社.

彭廷柏，1994. 我国中亚热带东部地区农业生态类型成因与发展机制研究［M］. 北京：科学出版社.

蒲英霞，马荣华，葛莹，等，2005. 基于空间马尔可夫链的江苏区域趋同时空演变［J］. 地理学报，60（5）：817-826.

庞爱权，1995. 中国可持续农业发展中的农林复合系统评价［J］. Journal of Beijing Forestry University（English Edition），2：34-69.

PETER P，1987. 人口统计学变量和农业系统研究［C］//农村生态系统研究国际学术讨论会论文集. 北京：中国环境科学出版社.

奇伟，2001. 区域可持续土地利用管理评价研究［D］. 北京：中国农业大学.

奇伟，张凤荣，东野光亮，2001. 土地质量指标在可持续土地利用管理评价中的应用研究［J］. 山东农业大学学报（自然科学版），32（2）：165-170.

钱俊生，1999. 可持续发展的理论与实践. 北京：中国环境科学出版社.

乔玉辉,宇振荣,2003. 河北省曲周盐渍化地区微咸水灌溉对土壤环境效应的影响 [J]. 农业工程学报,2 (19):75-76.

任勇,1995. 生态林对中国农业可持续发展的评估 [J]. 北京林业大学学报,4 (2):34-69.

石元春,贾大林,1998. 黄淮海平原农业图集 [M]. 北京:北京农业大学出版社.

孙武,侯玉,张勃,2000. 生态脆弱带波动性、人口压力、脆弱度之间的关系 [J]. 生态学报,20 (3):369-373.

王宏广,1995. 我国农业可持续发展的对策 [C] //中国的可持续发展研究——从概念到行动 [M]. 北京:中国环境科学出版社.

王丽梅,孟范平,郑纪勇,等,2004. 黄土高原区域农业生态系统环境质量评价 [J]. 应用生态学报,15 (3):425-428.

王佑民,王忠林,高维森,1992. 黄土高原沟壑区 [J]. 水土保持学报,6 (4):54-59.

王周喜,胡斌,2002. 人口预测模型的非线性动力学研究 [J]. 数量经济技术经济研究,8:53-56.

温金详,宇振荣,韩纯儒,等,1995. 曲周县水资源持续利用的对策研究 [J]. 莱阳农学院学报,12 (3):179-181.

闻大中,1985. 农业生态系统能流研究方法 [J]. 农村生态环境 (4):47-52.

闻大中,1990. 农业生态学 [C] //现代生态学透视. 北京:科学出版社.

谢逢春,陈建新,姚汝华,2001. 论物质系统复杂性演化与生命进化的同构 [J]. 华南理工大学学报,3 (3):37-41.

辛晓平,徐斌,单保庆,等,2000. 恢复演替中草地斑块动态及尺度转换分析 [J]. 生态学报,20 (4):587-593.

徐建新,温随群,谷红梅,等,2000. 黄淮海平原区农业用水量估算方法探讨 [J]. 华北水利水电学院学报,21 (3):5-8.

徐江,林庆华,程弘德,1996. 持续发展与人类生态系统演替 [J]. 科学对社会的影响 (4):17-28.

颜泽贤,1993. 复杂系统演化论 [M]. 北京:人民出版社.

于法稳,2001. 界壳论——研究农业生态经济系统边界的一种新理论

[J]. 农业系统科学与综合研究, 17 (3): 186-188.

余定诚, 1999. 我国农业生产应重视质量目标定位 [J]. 农业区域化研究, 1 (1): 43-44.

袁穗波, 佘济云, 付绍春, 等, 2004. 雪峰山西南支脉丘陵山地森林植物群落类型及结构特征研究 [J]. 生态学杂志 (4): 1-6.

张淇, 田巍, 2003. 顺利实现我国农业人口向非农业转移的几个问题 [J]. 农业与技术, 23 (4): 29-32.

张世熔, 黄元仿, 李保国, 等, 2003. 河北曲周土壤氮素养分的时空变异特征 [J]. 土壤学报, 40 (3): 475-479.

张世熔, 黄元仿, 李保国, 等, 2003. 黄淮海冲积平原区土壤速效磷、钾的时空变异特征 [J]. 植物营养与肥料学报 (1): 3-8.

张燕, 张洪, 彭补拙, 等, 2003. 不同土地利用方式下农地土壤侵蚀与养分流失 [J]. 水土保持通报, 23 (1): 23-31.

张宇燕, 1992. 经济发展与制度选择: 对制度的经济分析 [M]. 北京: 中国人民大学出版社.

张明亮, 1999. 加快发展质量型农业的思考 [J]. 山东社会科学 (3): 31-34.

赵国栋, 2002. 农业为主地区农村人口与可持续发展 [J]. 经济师 (10): 255-256.

赵平, 2003. 退化生态系统植被恢复的生理生态学研究进展 [J]. 应用生态学报, 14 (11): 2031-2036.

赵平, 2003. 信息化: 解决"三农"问题的必选路径 [J]. 高等农业教育 (10): 15-17.

中华人民共和国水利部, 2004. 中国水资源公报 2003 [M]. 北京: 中国水利水电出版社.

周立三, 2000. 中国农业地理 [M]. 北京: 科学出版社.

朱宏彪, 2005. 试论农业人口城镇化是解决"三农"问题的关键 [J]. 安徽农业科学, 33 (1): 154-156.

朱希刚, 2004. 技术创新与农业结构调整 [M]. 北京: 中国农业科学技术出版社.

邹冬生, 1995. 农业生态学 [M]. 北京: 中国农业科技出版社.

邹亚荣, 赵晓丽, 张增祥, 等, 2003. 华北土地利用十年动态特征分析 [J]. 地理科学进展, 22 (2): 158-163.

参考文献

ALTIERI M A, 1987. Agroecology [M]. London: Westview Press.

ALTIERI M A, 1994. Biodiversity and pest management in agroecosystems [M]. New York: Haworth Press.

BAWDEN R J, MACADAM R D, PACKHAM R J, et al., 1984. Systems thinking and practice in the education of agriculturists [J]. Agricultural Systems, 13: 205-225.

BROWN M T, BURANAKARN V, 2003. Emergy indices and ratios for sustainable material cycles and recycle options [J]. Resources, Conservation and Recycling, 38: 1-22.

BROWN M T, MCCLANAHAN T R, 1996. Emergy analysis perspectives of Thailand and Mekong River dam proposals [J]. Ecological Modelling, 91: 105-130.

BROWN M T, ULGIATI S, 1999. Emergy evaluation of the biosphere and natural capital [J]. AMBIO, 28 (6): 486-493.

CHECKLAND P B, 1981. Systems thinking, systems practice [M]. New York: John Wiley.

CHEN C T, 1999. Linear system theory and design [M]. 2nd. New York: Oxford University Press.

CLEMENTS F E, 1916. Plant succession: an analysis of the development of vegetation [M]. Washington, DC: Carnegie Institution Publication.

DEBORAH H S, BENJAMIN R S, EDWARD M, 1997. Biodiversity as an organizingprinciple in agroecosystem management: Case studies of holistic resource management practitioners in the USA [J]. Agriculture Ecosystems and Environment, 62: 199-213.

ELLEN R, 1982. Environment, subsistence and system: the ecology of small-scale social formations [M]. Cambridge: Cambridge University Press.

FAO, 1991. Den Burg Manifesto and Agenda on Sustainable and Pural Development [C] //Congress of agriculture and Environment. Den Burg, Netherlands.

GLIESSM A S R, 1997. Agroecology: ecological processes in sustainable agriculture [M]. Chelsea: Ann Arbor Press.

HARPER J L, 1974. Agricultural ecosystem [J]. Agroecosystems, 1:

1-6.

HARTMUT H, et al., 1997. Efficient predators in agroecosystems [J]. Agriculture, Ecosystems and Environment, 62: 105-117.

JAZEN D H, 1980. When is it ceevelution [J]. Evolution, 34: 611-612.

KIMMINS J P, 1987. Forest ecology [M]. New York: Macmillan Publishing Company.

KOEHLER H H, 1997. Mesostigmata (Gamasina, Uropodina), efficient predators in agroecosystems [J]. Agriculture Ecosystems and Environment, 62 (2-3): 105-117.

LINDSEY R L, RUCK D W, ROGERS S K, et al., 1992. Function prediction using recurrent neural networks [J]. Science of Artificial Neural Networks, 1710: 438-448.

LOW R R, SKINNER B R, HOUSE G S, 1984. Agricultural ecosystems [M]. New York: Wiley Interscience.

LUKEN J O, 1990. Directing ecological succession [M]. London: Chapman and Hall.

MARTEN, 1988. Productivity, soability sustainability, equitability and antonpmy as properties for agroecosystem assessment [J]. Agricultural Systems, 26: 291-316.

MIGNEL A, ALTIERI, 1999. The ecological role of biodiversity in agroecosystems [J]. Agriculture, Ecosystems and Environment, 74: 19-31.

ODUM E P, 1969. The strategy of ecosystems development [J]. Science, 164: 262-270.

ODUM E P, 1984. Properties of agroecosystems. In: Agricultural ecosystems, unifying concepts [M]. New York: John Willey and Sons.

ODUM E P, 1989. Ecology and our endangered life-support systems [M]. Sunderland: Sinauer Associates, Inc.

ODUM H T, 1988. Self-organization, transformity and information [J]. Science, 242: 1132-1139.

ODUM H T, 1996. Environmental accounting: emergy and anvironmental decision making [M]. New York: John Wiley and Sons.

ODUM E P, 1985. Trends expected in stressed ecosystems [J]. Bioscience, 35: 419-422.

OM P T, 1989. Structure and function of traditional agroforestry systems in the western Himalayas I. Biomass and productivity [J]. Agroforest Systems, 9: 47-90.

SAVORY A, 1988. Holistic resource management [M]. Washington, DC: Island Press.

SAVORY A, 1994. Will we be able to sustain civilization [J]. Population and Environment: A Journal of Interdisciplinary Studies, 16 (2): 139-147.

SCHRODER P, HUBER B, OLAZABAL U, et al., 2002. Land use and sustainability: FAM research network on agroecosystems [J]. Geoderma, 105: 155-166.

SHUGART H H, 1998. Terrestrial ecosystems in changing environments [M]. Cambridge: Cambridge University Press.

SMIL V, NACH MAN P, LONG T, 1983. Energy analysis and agriculture, an application to US corn produceion [M]. Colorado: Westview Press.

SPURR S H, 1952. Origin of the concepet of forest succession [J]. Ecology, 33: 426-427.

TANSLEY A G, 1935. The use and abuse of vegetational concepts and forms [J]. Ecology, 16: 284-307.

WALI M K, 1999. Ecological succession and the rehabilitation of disturbed terrestrial ecosystems [J]. Plant and Soil, 213: 195-220.

ZOU X, SANFORD R L, 1990. Agroforestry systems in China: a survey and classification [J]. Agroforestry Systems, 11 (1): 85-94.

附录一 能值换算系数及公式

1. 太阳能
在 t 时刻面积=在 t 时刻的耕地面积（CA_t）hm^2；
太阳辐射=$5.171×10^{13}$ J/（$hm^2·a$）（Liu，1986）；
能值转换率=1sej/J。

2. 雨水化学能
面积=在 t 时刻耕地面积 t（CA_t）hm^2；
降水量=712.63mm（Liu，1986）；
密度=$10^3 kg/m^3$；
吉布斯自由能（G）= $4.94×10^3$ J/kg；
能值转换率（ET）= 8888sej/J；
在 t 时刻能值=CA_t×降水量×密度×G×（ET）。

3. 雨水势能
面积=在 t 时刻耕地面积（CA_t）hm^2；
降水量=712.63mm；
平均海拔高度=50m；
能值转换率（ET）= $8.89×10^3$ sej/J。

4. 灌溉水能值
能量系数（EC）= 5J/g；
能值转换率（ET）= 10488sej/J；
$E=Ec[\eta+K(1-\eta)]$，式中，E 为农业用水量，mm；
$Ec=\sum Ec_i(Sc_i/Sc)$；
Ec 为作物田间需水量，为各种作物种植面积加权平均值，mm；
Ec_i 为第 i 种作物田间需水量（包括耕地休闲耗水量），mm；
Sc_i 为第 i 种作物种植面积，hm^2；
Sc 为耕地面积，hm^2；

η 为土地利用系数，即耕地占总土地面积的比例；

K 为非耕地蒸腾蒸发量与耕地蒸腾蒸发量的比值。

在 t 时刻灌溉水能值 = E×ILA$_t$× 5J/g × 10488sej/J。

5. 表土层净损失能值

面积 = 在 t 时刻耕地面积（CA$_t$）hm^2；

侵蚀速率 = 141.1t/（m^2·a）（Zhang, 2003）；

形成速率（PR）= 4.276t/（m^2·a）（Zhang, 2003）；

能值转换率（ET）= 62500sej/J；

在 t 时刻表土层净损失能值（NLTE$_t$）（sej）= CA$_t$×[141.1t/（m^2·a）-4.276t/（m^2·a）]×2%（soil organic matter）×5.4×10^{6}kcal/t×4186J/kcal×62500sej/J；

在 t 时刻不可更行资源能值（N$_t$）= 表土层净损失能值（NLTE$_t$）。

6. 燃料能值

在 t 时刻燃料质量（MF$_t$）= 基期 0 时刻燃料质量（MF$_0$）×[1+增加率（MFIR）]^t；

能量系数（EC）= 4.4 × 10^{7}J/kg；

能值转换率（ET）= 6.6 × 10^{4}sej/J；

在 t 时刻燃料能值（FE$_t$）（sej）=（MF$_t$）×（EC）×（ET）。

7. 电力能值

在 t 时刻电量（EL$_t$）（kW·h）= 基期 0 时刻电量 EL$_0$ [1+增加率（ELIR）]^t；

能量系数（EC）= 12.5× 10^{6}J/（kW·h）；

能值转换率（ET）= 1.59× 10^{5}sej/J；

在 t 时刻电力能值（ELE$_t$）（sej）=（EL$_t$）×（EC）×（ET）。

8. 肥料能值

（1）在 t 时刻氮肥质量（MNF$_t$）= 基期 0 时刻氮肥质量 MNF$_0$ [1+增加率（MNFIR）]^t；

能值转换率（ET）= 3.8×10^{9}sej/g；

在 t 氮肥能值（NFE$_t$）（sej）=（MNF$_t$）×（ET）。

（2）在 t 时刻磷肥质量（MPF$_t$）= 基期 0 时刻磷肥质量 MPF$_0$ [1+增加率（MPFIR）]^t；

能值转换率（ET）= 3.9×10^{9}sej/g；

在 t 时刻磷肥能值（PFE_t）(sej) = (MPF_t) × (ET)。

(3) 在 t 时刻钾肥质量（$MPOF_t$）= 基期 0 时刻钾肥质量 $MPOF_0$ × [1+增加率（MPOFIR）]^t；

能值转换率（ET）= $1.1×10^9$ sej/g；

在 t 时刻钾肥能值（$POFE_t$）= ($MPOF_t$) × (ET)。

(4) 在 t 时刻复合肥质量（MMF_t）= 基期 0 时刻复合肥质量 MMF_0 × [1+增加率（MMFIR）]^t；

能值转化率（ET）= $2.8×10^9$ sej/g；

在 t 时刻复合肥能值（MFE_t）= (MMF_t) × (ET)；

在 t 时刻肥料能值（FE_t）= (NFE_t) + (PFE_t) + ($POFE_t$) + (MFE_t)。

9. 农药能值

在 t 时刻农药质量（MP_t）= 基期 0 时刻农药质量 MP_0 [1+增加率（MPIR）]^t；

能值转换率（ET）= $1.62×10^9$ sej/g；

在 t 时刻农药能值（PE_t）= (MP_t) × (ET)。

10. 农膜能值

在 t 时刻农膜质量（$MPLF_t$）= 基期 0 时刻农膜质量 $MPLF_0$ [1+增加率（MPLFIR）]^t；

能值转换率（ET）= $3.8×10^8$ sej/g；

在 t 时刻农膜能值（$PLFE_t$）= ($MPLF_t$) × (ET)。

11. 机械能

平均机械能系数 = $4.163×10^8$ J/hm^2（Lu，1994）；

在 t 时刻机耕地面积（MLA_t）= 基期 0 时刻机耕地面积 MLA_0 × [1+增加率（MLAIR）]^t；

在 t 时刻机械能（MAE_t）= (MLA_t) × $4.163×10^8$ J/hm^2；

能值转换率（ET）= $7.5×10^7$ sej/J；

在 t 时刻机械能值（FME_t）= (MAE_t) × (ET)；

工业辅助能（F_t）= 燃料能值（FUE_t）+ 电力能值（ELE_t）+ 肥料（FE_t）+ 农药能值（PE_t）+ 农膜能值（$PLFE_t$）+ 机械能值（FME_t）。

12. 人力能值

麦-玉地劳动日 = 493.25 d/（hm^2·a）；

棉花地劳动日 = 800.60 d/（hm^2·a）；

在 t 时刻麦-玉地面积（$WMLA_t$）＝ 在基期 0 时刻麦-玉地面积 $WMLA_0$ ×［1+增加率（WMDR）］^{t}；

在 t 时刻棉花地面积（CLA_t）＝ 在基期 0 时刻棉花地面积 CLA_0×［1-减少率（CDR）］^{t}；

能量系数＝$12.6×10^6$ J/d；

能值转换率（ET）＝$3.8×10^5$ sej/J；

在 t 时刻人力能值（HLE_t）＝［（$WMLA_t$）×493.25d/（hm^2·a）+（CLA_t）×800.60d/（hm^2·a）］×$12.6×10^6$ J/d×$3.8×10^5$ sej/J。

13. 畜力能值

在 t 时刻非机耕地面积（$NMLA_t$）＝在 t 时刻耕地面积（CA_t）-在 t 时刻机耕地面积（MLA_t）；

畜力速率＝0.0667 hm^2/d；

单位非机耕地面积耕作次数＝2次；

在 t 时刻畜力劳动日（AWD_t）＝ $NMLA_t$×2/0.0667；

能量系数＝$12.6×10^6$ J/d；

能值转换率（ET）＝$1.46×10^5$ sej/J；

在 t 时刻畜力能值＝在 t 时刻畜力劳动日 AWD_t×$12.6×10^6$ J/d×$1.46×10^5$ sej/J。

14. 种子能值

各个农作物单位播种面积平均用种量（MS_t）；

能量系数＝$16×10^6$ J/kg；

能值转换率（ET）＝$6.6×10^4$ sej/J；

在 t 时刻种子能值（SE_t）（sej）＝在 t 时刻种子用量（MS_t）×$16×10^6$ J/kg×$6.6×10^4$ sej/J；

在 t 时刻可更新有机辅助能能值（R_{1t}）＝在 t 时刻人力能值（HLE_t）+在 t 时刻人力能值（AWE_t）+在 t 时刻种子能值（SE_t）。

附录二 自适应自回归滑动平均模型（ARMA）构建

1. 自适应 ARMA 模型

为了完整起见，我们首先介绍一下标准的 ARMA 模型。已知时间序列 $d_1, d_2, \cdots, d_n$ 和相应的输入向量 $x_1, x_2, \cdots, x_n$，所谓的 ARMA 模型就是假设

$$d_{k+1}=\alpha_1 d_k+\alpha_2 d_{k-1}+\cdots+\alpha_r d_{k+1-r}-\beta_0-\beta_1 x_1(k+1)-\cdots-\beta_m x_m(k+1)+\varepsilon(k,\alpha,\beta) \quad (1)$$

其中，$\varepsilon(k,\alpha,\beta)$ 为噪声项，模型参数 $\alpha=(\alpha_1, \alpha_2, \cdots, \alpha_r)^T$，$\beta=(\beta_0, \beta_1, \cdots, \beta_m)^T$，$\gamma$ 为模型的阶数。通过对 $\varepsilon(k,\alpha,\beta)$ 概率分布函数的假定，利用已知时间序列 $d_1, d_2, \cdots, d_n$，结合式（1）和最大后验概率估计可以求得模型参数 α，β，然后再利用预测方程

$$d_{k+1}=\alpha_1 d_k+\alpha_2 d_{k-1}+\cdots+\alpha_r d_{k+1-r}-\beta_0-\beta_1 x_1(k+1)-\cdots-\beta_m x_m(k+1) \quad (2)$$

对以后的 $k=n, n+1, \cdots$，等以后的时刻的值进行预测。注意到，式（2）中的每个实际输出数据含有噪声，在利用式（2）进行中期预测时存在噪声累积效应。除非一些特殊情况外，很难直接用于中期预测。在本研究中，我们利用如下的自适应 ARMA 模型求解。注意到预测方程（2），本研究的目标是建立一个严格满足式（2）的线性模型逼近已知的时间序列，即自适应 ARMA 模型：

$$y_{k+1}=\alpha_1 y_k+\alpha_2 y_{k-1}+\cdots+\alpha_r y_{k+1-r}-\beta_0-\beta_1 x_1(k+1)-\cdots-\beta_m x_m(k+1) \quad (3)$$
$$d_k = y_k+\varepsilon(k,\alpha,\beta) \quad (4)$$

其中，$\varepsilon(k,\alpha,\beta)$ 为噪声项，d_k 和 $x_i(k)$ 分别表示在 k 时刻的观测数据和外部环境的第 i 个输入。注意这时模型的状态转换方程（3）是没有噪声的，而噪声仅仅存在于观测方程（4）中。我们的目标是确定模型参数 $\alpha=(\alpha_1, \alpha_2, \cdots, \alpha_r)^T$，$\beta=(\beta_0, \beta_1, \cdots, \beta_m)^T$ 使得满足式（3）的 n 维数据 $y=(y_1, y_2, \cdots, y_n)^T$ 和 d 充分靠近。通过对 $\varepsilon(k,\alpha,\beta)$ 分布函数

的假定,利用已知时间序列 d,结合式(4)和最大后验概率估计可以求得模型参数 α,β。为了简单起见,一般我们假设噪声 $\varepsilon(k,\alpha,\beta)$ 为 Gauss 分布的,并且不同的时间 k,$\varepsilon(k,\alpha,\beta)$ 是相互独立的。使用最大后验概率分布,最后可以得到优化的目标函数。下节我们讨论它的优化问题,并给出一个在梯度下降的优化问题。

2. 自适应 ARMA 模型学习算法

为了得到问题的解,首先我们很抽象的讨论如下问题:已知 n 维数据 $d=(d_1,d_2,\cdots,d_n)^T$,我们的目标是寻找一个 n 维数据 $y=(y_1,y_2,\cdots,y_n)^T$,使得逼近误差

$$E = (1/2) \|d-y\|^2$$

最小,其中要求 y 满足

$y_{k+1} = \alpha_1 y_k + \alpha_2 y_{k-1} + \cdots + \alpha_r y_{k+1-r} - \beta_0 - \beta_1 x_1(k+1) - \cdots - \beta_m x_m(k+1)$, $k = r, r+1, \cdots, n-1$

这个模型中,x_i 表示和 y 相关的输入或者在回归中的相关因子。

因此问题可以表述为:

$$(\text{opt1}) \min_{y,\alpha,\beta} \frac{1}{2} \|d-y\|^2 \qquad (5)$$

s.t. $y_{k+1} = \alpha_1 y_k + \alpha_2 y_{k-1} + \cdots + \alpha_r y_{k+1-r} - \beta_0 - \beta_1 x_1(k+1) - \cdots - \beta_m x_m(k+1)$, $k = \gamma, \gamma, \cdots, n-1$ (6)

注意式(5)的优化问题为非线性的优化问题。因为约束式(6)为二次函数。因此优化为在二次约束下的二次函数优化问题,给不出解析解的。但是我们可以观察到,在 opt1 优化问题的约束式(6)中固定 α,则 opt1 问题为线性约束下的二次优化问题,是可以得到解析解的。因此我们的优化策略为先固定 α,求得 opt1 优化问题的最优值,这时它为 α 的函数,不妨记为 $g(\alpha)$,然后再求 $g(\alpha)$ 关于 α 的梯度,然后利用梯度下降法进行求解。考虑到梯度下降法的收敛特性,我们使用具有动量项的梯度下降方法。具体的算法推导如下。

首先,固定 α,求得 opt1 优化问题的最优值 $g(\alpha)$,这时为如下的优化问题:

$$(\text{opt2}) \; g(\alpha) = \min_{y,\beta} \frac{1}{2} \|d-y\|^2 \qquad (7)$$

s.t. $Ay - B \cdot \beta = 0$ (8)

其中 $A = \begin{pmatrix} \alpha_r & \alpha_{r-1} & \cdots & \alpha_1 & -1 & \cdots & 0 \\ 0 & \vdots & \vdots & \vdots & \vdots & \vdots & \vdots \\ 0 & \cdots & \alpha_r & \alpha_{r-1} & \cdots & \alpha_1 & -1 \end{pmatrix}$ (9)

$$B = \begin{pmatrix} 1 & x_1(r+1) & \cdots & x_m(r+1) \\ \vdots & \vdots & \vdots & \vdots \\ 1 & x_1(n) & \cdots & x_m(m) \end{pmatrix}, \beta = \begin{pmatrix} \beta_0 \\ \beta_1 \\ \vdots \\ \beta_m \end{pmatrix} \quad (10)$$

在这个模型中，系数向量α和y是需要求解的。而 d 和输入数据矩阵 B 为已知的。为了讨论的简单起见，不是一般性，我们假设 B 为列满秩的矩阵。其实如果 B 不为列满秩的，可以只计入那些无关列就可以了。

我们注意到，A 的元素里面也包含着需要求解的自适应 ARMA 模型的系数向量α。我们首先固定 A，然后求解出 x 和β。这时为线性约束下的二次优化问题，因此为凸优化问题。利用 Langrange 乘子法求其对偶可得

$$L(y, \beta; \lambda) = \frac{1}{2}\|d - y\|^2 + \lambda^T(Ay - B\beta) \quad (11)$$

对 $L(y, \beta; \lambda)$ 关于 y 和β求偏导数并令其为零可得

$$\frac{\partial L}{\partial y} = y - d + A^T\lambda = 0 \Rightarrow y = d - A^T\lambda \quad (12)$$

$$\frac{\partial L}{\partial \beta} = -B^T\lambda = 0 \quad (13)$$

将（12）、（13）代入（11）可得对偶优化问题为

$$(\text{opt3}) \max_\lambda \lambda^T Ad - \frac{1}{2}\lambda^T A A^T \lambda \quad (14)$$

$$\text{s.t } B^T\lambda = 0 \quad (15)$$

对于（14）定义的优化问题 opt3 我们实际上是可以求得最优解的。实际上，使用 Lagrange 乘子法，我们有

$$L(\lambda, \gamma) = \lambda^T Ad - \frac{1}{2}\lambda^T A A^T \lambda - \gamma^T B^T \lambda$$

求 $L(\lambda, \gamma)$ 关于λ的偏导数并令其为零，可得 $\frac{\partial L}{\partial \lambda} = (Ad - B\gamma) - AA^T\lambda = 0$，推得

$$\lambda = (AA^T)^{-1} (A \cdot d - B\gamma) \tag{16}$$

再由（15）的约束条件可以求得γ的值。

$$\gamma = [B^T (AA^T)^{-1} B]^{-1} B^T (AA^T)^{-1} A d$$

代入（13）我们可以得到

$$\lambda = (AA^T)^{-1} \{I - B [B^T (AA^T)^{-1} B]^{-1} B^T (AA^T)^{-1}\} A d \tag{17}$$

利用（17）的结果代入（14）并整理，我们得到固定 A 得到的最优值为

$$g(\alpha) = (1/2) \cdot d^T A^T (AA^T)^{-1} A d - (1/2) d^T A^T (AA^T)^{-1} B [B^T (AA^T)^{-1} B]^{-1} B^T (AA^T)^{-1}) A d$$

从而优化问题最终化为求解 $g(\alpha)$ 的最小值。求得α的值以后利用（17）得到λ，最后利用（12）可以得到 y 的值。当然有了 y 和α的值以后，利用（8）可得β值。

实际上，我们还有

$$\beta = [B^T (AA^T)^{-1} B]^{-1} B^T (AA^T)^{-1} A d = \gamma \tag{18}$$

这是因为联合（17）、（12）以及约束（8）有

$$B \cdot \beta = Ax = A(d - A^T \lambda) = Ad - AA^T (AA^T)^{-1} (I - B [B^T (AA^T)^{-1} B]^{-1} B^T (AA^T)^{-1}) A d$$

$$= Ad - Ad + B [B^T (AA^T)^{-1} B]^{-1} B^T (AA^T)^{-1} A d = B \cdot [B^T (AA^T)^{-1} B]^{-1} B^T (AA^T)^{-1} A d$$

从而 $B \cdot \beta = B \cdot [B^T (AA^T)^{-1} B]^{-1} B^T (AA^T)^{-1} A d$

有假设 B 为列满秩的矩阵，比较等式两边的系数，故 $\beta = [B^T (AA^T)^{-1} B]^{-1} B^T (AA^T)^{-1} A d$ 成立。

因此问题集中在于求解自适应 ARMA 模型的系数α，这就是我们处理的重点和难点。

下面我们集中处理最小化 $g(\alpha)$ 的问题。我们可以改写 $g(\alpha)$ 为

$$g(\alpha) = (1/2) \cdot d^T A^T (AA^T)^{-1} A d - (1/2) d^T A^T (AA^T)^{-1} B [B^T (AA^T)^{-1} B]^{-1} B^T (AA^T)^{-1} A d$$

记 $\partial A / \partial \alpha_i = A_i$，利用矩阵对向量的微分公式可以得到如下公式。

$$\partial g(\alpha) / \partial \alpha_i = d^T A_i^T (AA^T)^{-1} A d - d^T A^T (AA^T)^{-1} A_i A^T (AA^T)^{-1} A d$$

$$- \{d^T A_i^T (AA^T)^{-1} B [B^T (AA^T)^{-1} B]^{-1} B^T (AA^T)^{-1}\} A d - d^T A^T (AA^T)^{-1} (A_i A^T + AA_i^T) (AA^T)^{-1} B [B^T (AA^T)^{-1} B]^{-1} B^T (AA^T)^{-1} A d$$

$$+ d^T A^T (AA^T)^{-1} B [B^T (AA^T)^{-1} B]^{-1} B^T (AA^T)^{-1} A_i A^T (AA^T)^{-1} B [B^T (AA^T)^{-1} B]^{-1} B^T (AA^T)^{-1}) A d\}$$

其中利用逆矩阵的微分公式：$\partial A^{-1}/\partial \alpha_i = -A^{-1}(\partial A^{-1}/\partial \alpha_i)A^{-1}$。

如果记 $[u, C] = (AA^T)^{-1}[Ad, B]$，$[v, D] = B^T[u, C]$，则根据（12）、（17）和（18），我们有

$\beta = D^{-1}v$，$\lambda = u - C \cdot \beta$，$y = d - A^T\lambda$

则我们可以进一步简化 $\partial g(\alpha)/\partial \alpha_i$ 得到

$\partial g(\alpha)/\partial \alpha_i = d^T A_i^T u - d^T A_i^T C D^{-1}v - u^T A_i A^T u + u^T(A_i A^T + AA_i^T)CD^{-1}v - v^T D^{-1}C^T A_i A^T C D^{-1}v$

$= d^T A_i^T \lambda - \lambda^T A_i A^T \lambda$

$= \lambda^T A_i y$ （19）

这样我们就得到了梯度表示的简洁形式，有利于编程实现。

其实，我们可以用更简单的方法得到这个表达式，设 $\lambda_i = \partial \lambda/\partial \alpha_i$，则

由于 $g(\alpha) = \lambda^T A d - (1/2) \cdot \lambda^T A A^T \lambda$，因此

$\partial g(\alpha)/\partial \alpha_i = \lambda_i^T A d + \lambda^T A_i d - \lambda_i^T A A^T \lambda - \lambda^T A_i A^T \lambda = \lambda^T A_i(d - A^T\lambda) + \lambda_i^T A(d - A^T\lambda)$

$= \lambda^T A_i y + \lambda_i^T A y = \lambda^T A_i y + \lambda_i^T B \beta = \lambda^T A_i y + \beta^T(B^T\lambda_i) = \lambda^T A_i y$

其中，最后一个等式利用了 $B^T\lambda = 0$，从而 $B^T\lambda_i = 0$ 成立。为了简便我们利用梯度下降法求得最优的 α，更新公式可以写为

$\alpha(t+1) = \alpha(t) - \eta \nabla g[\alpha(t)]$ （20）

其中 $\nabla g(\alpha) = [\partial g(\alpha)/\partial \alpha_1, \partial g(\alpha)/\partial \alpha_2, \cdots, \partial g(\alpha)/\partial \alpha_r]^T$，η 为学习率常数。一般取为较小的正实数。

或者使用包含动量项的方法，令

$p(0) = \nabla g[\alpha(0)]$ （21）

$\alpha(t+1) = \alpha(t) - \eta p(t)$ （22）

$p(t+1) = p(t) + \tau\{\nabla g[\alpha(t)] - p(t)\}$ （23）

这两个算法的选择在于其简单直观，并且在机器学习领域也获得了较好的使用效果。

这样联合式（17）、（18）、（12）和（20）或者（21），我们就得到了自适应 ARMA 模型的优化算。

后 记

自党的十九大提出乡村振兴战略以来，全国各地掀起了新一轮"三农"建设的新热潮。"乡村振兴"也成了学术界关注的焦点。鉴于质量兴农对于助推产业兴旺、解决"三农"问题的重要性，从而促成了这本著作的出版，以期为推动乡村振兴提供一定的参考依据。

本书是在本人博士论文的基础上进一步提炼完成的。在完成的过程中，得到我的博士生导师郝晋珉教授的悉心指导以及合作导师陈佑启研究员的精心修改；导师组老师林培先生、朱德举教授、张凤荣教授、朱道林教授、吴文良教授、郑大伟教授等在研究过程中给予了热情帮助与方向性的指导；中国科学院地理科学与资源研究所陈百明研究员、严茂超研究员、中国土地勘测规划院程烨高级工程师、中国地质大学白中科教授评阅论文并提出宝贵意见。同时在资料的收集过程中得到北京市农委高运峰处长、中国科学院地理科学与资源研究所高鹭博士、王秀芬博士以及曲周试验站相关领导及当地人们的热情帮助。在此对他（她）们表示由衷的敬意和诚挚的感谢！

本书前期研究工作及成果获得国家"十五"科技攻关课题"黄淮海平原高产区优质高效农业结构模式与技术研究"（2001BA50801）的资助；本书后期相关研究及专著出版获得玉林师范学院2018年度高层次人才科研启动基金项目"新时代城乡国土空间指标体系构建及监督实施"（G2019SK07）的资助。

《区域农业生态系统演替研究——以黄淮海平原为例》五易其稿，终于撰写完成。由于区域农业生态系统是一个相当复杂的研究领域，尽管本书在这方面作了一些有益的探索，但还有许多理论和实践问题有待于进一步深入研究。期待各界人士能够予以关注、参与探讨，共同推进区域农业生态系统的研究工作，为推进新时代我国乡村振兴做出积极贡献！

张洁瑕

2021年7月